제제
수학

4-2

서사원주니어

수학을 잘하고 싶은 어린이 모여라!

안녕하세요, 어린이 여러분?

선생님은 초등학교에서 학생들을 가르치면서, 수학을 잘하고 싶지만 어려워하는 어린이들을 많이 만났어요. 그래서 여러분이 혼자서도 수학을 잘할 수 있도록, 개념을 쉽게 알려 주는 문제집을 만들었어요.

여러분, 계단을 올라가 본 적이 있지요? 계단을 한 칸 한 칸 올라가다 보면 어느새 한 층을 다 올라가 있듯, 수학 공부도 똑같아요. 매일매일 조금씩 공부하다 보면 어느새 나도 모르게 수학 실력이 쑥쑥 올라가게 될 거예요.

선생님이 만든 '제제수학'은 수학 교과서처럼 한 단계씩 차근차근 공부할 수 있어요. 개념을 이해하게 도와주는 쉬운 문제부터 천천히 공부할 수 있도록 구성했으니, 수학 진도에 맞춰서 제대로, 그리고 꾸준히 공부해 보세요.

하루하루의 노력이 모여 여러분의 수학 실력을 단단하게 만들어 줄 거예요.

－권오훈, 이세나 선생님이

이 책의 구성과 활용법

step 1 · 단원 내용 공부하기

▶ 학교 진도에 맞춰 단원 내용을 공부해요.
▶ 각 차시별 핵심 정리를 읽고 중요한 개념을 확인한 후
   문제를 풀어요.

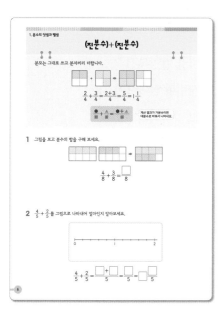

step 2 · 연습 문제
계산력을 키워요.

▶ 단원의 모든 내용을 공부하고 난 뒤에 계산 연습을 해요.
▶ 계산 연습을 할 때에는 집중하여 정확하게 계산하는 태도가
   중요해요.
▶ 정확하게 계산을 잘하게 되면 빠르게 계산하는 연습을 해 보세요.

step 3 · 단원 평가
배운 내용을 확인해요.

▶ 잘 이해했는지 확인해 보고, 배운 내용을 정리해요.
▶ 문제를 풀다가 어려운 내용이 있다면 한번 더 공부해 보세요.

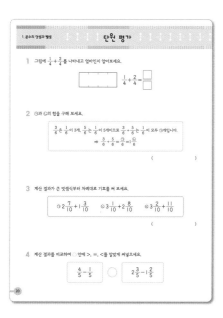

step 4 · 실력 키우기
응용력을 키워요.

▶ 생활 속 문제를 해결하는 힘을 길러요.
▶ 서술형 문제를 풀 때에는 문제를 꼼꼼하게 읽어야 해요.
   식을 세우고 문제를 푸는 연습을 하며 실력을 키워 보세요.

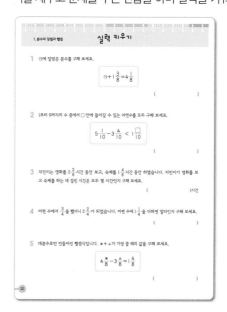

차례

1. 분수의 덧셈과 뺄셈

- (진분수) + (진분수)

- (진분수) − (진분수), 1 − (진분수)

- (대분수) + (대분수)

- 받아내림이 없는 (대분수) − (대분수)

- (자연수) − (대분수)

- 받아내림이 있는 (대분수) − (대분수)

(진분수)+(진분수)

분모는 그대로 쓰고 분자끼리 더합니다.

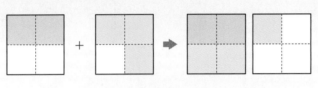

$$\frac{2}{4}+\frac{3}{4}=\frac{2+3}{4}=\frac{5}{4}=1\frac{1}{4}$$

계산 결과가 가분수이면
대분수로 바꿔서 나타내요.

1 그림을 보고 분수의 합을 구해 보세요.

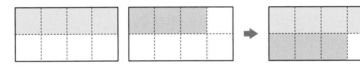

$$\frac{4}{8}+\frac{3}{8}=\frac{\boxed{}}{8}$$

2 $\frac{4}{5}+\frac{2}{5}$ 를 그림으로 나타내어 얼마인지 알아보세요.

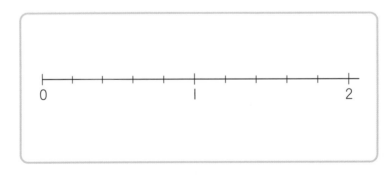

$$\frac{4}{5}+\frac{2}{5}=\frac{\boxed{}+\boxed{}}{5}=\frac{\boxed{}}{5}=\boxed{}\frac{\boxed{}}{5}$$

3 □ 안에 알맞은 수를 써넣으세요.

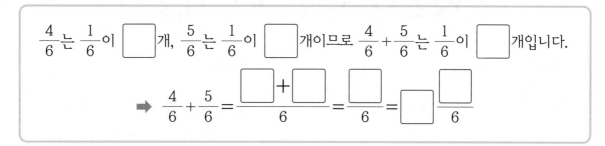

$\dfrac{4}{6}$는 $\dfrac{1}{6}$이 $\square$개, $\dfrac{5}{6}$는 $\dfrac{1}{6}$이 $\square$개이므로 $\dfrac{4}{6}+\dfrac{5}{6}$는 $\dfrac{1}{6}$이 $\square$개입니다.

➡ $\dfrac{4}{6}+\dfrac{5}{6}=\dfrac{\square+\square}{6}=\dfrac{\square}{6}=\square\dfrac{\square}{6}$

4 계산해 보세요.

❶ $\dfrac{5}{7}+\dfrac{1}{7}$

❷ $\dfrac{4}{9}+\dfrac{3}{9}$

❸ $\dfrac{5}{8}+\dfrac{7}{8}$

❹ $\dfrac{8}{10}+\dfrac{5}{10}$

5 계산 결과가 가장 큰 것을 찾아 기호를 써 보세요.

㉠ $\dfrac{5}{12}+\dfrac{8}{12}$ ㉡ $\dfrac{1}{12}+\dfrac{11}{12}$ ㉢ $\dfrac{3}{12}+\dfrac{7}{12}$

(   )

6 지유는 주스를 어제는 $\dfrac{7}{15}$ L, 오늘은 $\dfrac{6}{15}$ L 마셨습니다. 어제와 오늘 마신 주스는 모두 몇 L인지 식을 쓰고 답을 구해 보세요.

식 _____   답 _____ L

(진분수)−(진분수), 1−(진분수)

· (진분수)−(진분수)

분모는 그대로 쓰고 분자끼리 뺍니다.

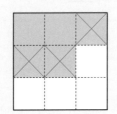

$$\frac{5}{9} - \frac{3}{9} = \frac{5-3}{9} = \frac{2}{9}$$

· 1−(진분수)

1을 가분수로 바꾼 후 분모는 그대로 쓰고 분자끼리 뺍니다.

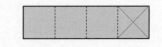

$$1 - \frac{1}{4} = \frac{4}{4} - \frac{1}{4} = \frac{4-1}{4} = \frac{3}{4}$$

1 그림을 보고 □ 안에 알맞은 수를 써넣으세요.

❶

$$\frac{4}{5} - \frac{\boxed{}}{5} = \frac{\boxed{}}{5}$$

❷

$$1 - \frac{5}{8} = \frac{\boxed{}}{8} - \frac{5}{8} = \frac{\boxed{}}{8}$$

2 그림을 이용하여 $\frac{5}{7} - \frac{3}{7}$ 이 얼마인지 알아보려고 합니다. □ 안에 알맞은 수를 써넣으세요.

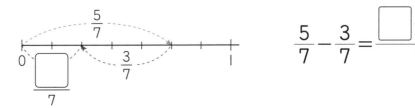

$$\frac{5}{7} - \frac{3}{7} = \frac{\boxed{} - \boxed{}}{7} = \frac{\boxed{}}{7}$$

3 □ 안에 알맞은 수를 써넣으세요.

$\dfrac{9}{10}$는 $\dfrac{1}{10}$이 ☐개, $\dfrac{6}{10}$은 $\dfrac{1}{10}$이 ☐개이므로 $\dfrac{9}{10} - \dfrac{6}{10}$은 $\dfrac{1}{10}$이 ☐개입니다.

➡ $\dfrac{9}{10} - \dfrac{6}{10} = \dfrac{☐ - ☐}{10} = \dfrac{☐}{10}$

4 계산해 보세요.

❶ $\dfrac{11}{12} - \dfrac{3}{12}$

❷ $\dfrac{8}{11} - \dfrac{4}{11}$

❸ $1 - \dfrac{5}{6}$

❹ $1 - \dfrac{8}{14}$

5 □ 안에 들어갈 수 있는 수 중 가장 큰 자연수를 구해 보세요.

$$\dfrac{8}{9} - \dfrac{☐}{9} > \dfrac{5}{9}$$

(   )

6 우유가 1 L 있습니다. 그중에서 미정이가 $\dfrac{2}{5}$ L 마셨습니다. 남아 있는 우유는 몇 L인지 식을 쓰고 답을 구해 보세요.

식 _____   답 _____ L

(대분수)+(대분수)

- **받아올림이 없는 (대분수)+(대분수)**

  자연수 부분끼리 더하고 분수 부분끼리 더합니다.

  $$1\frac{1}{5}+2\frac{3}{5}=(1+2)+\left(\frac{1}{5}+\frac{3}{5}\right)=3\frac{4}{5}$$

- **받아올림이 있는 (대분수)+(대분수)**

  방법 1 자연수 부분끼리 더하고 분수 부분끼리 더한 후 분수 부분을 더한 결과가 가분수이면 대분수로 바꿉니다.

  $$2\frac{3}{4}+1\frac{2}{4}=(2+1)+\left(\frac{3}{4}+\frac{2}{4}\right)=3+\frac{5}{4}=3+1\frac{1}{4}=4\frac{1}{4}$$

  방법 2 대분수를 가분수로 바꾸어 분모는 그대로 쓰고 분자끼리 더한 후 대분수로 바꿉니다.

  $$2\frac{3}{4}+1\frac{2}{4}=\frac{11}{4}+\frac{6}{4}=\frac{17}{4}=4\frac{1}{4}$$

1 그림을 보고 □ 안에 알맞은 수를 써넣으세요.

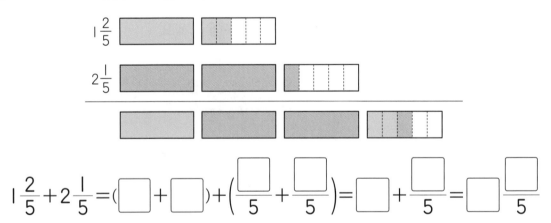

$$1\frac{2}{5}+2\frac{1}{5}=(\boxed{}+\boxed{})+\left(\frac{\boxed{}}{5}+\frac{\boxed{}}{5}\right)=\boxed{}+\frac{\boxed{}}{5}=\boxed{}\frac{\boxed{}}{5}$$

2 보기 와 같이 계산해 보세요.

보기 $2\frac{2}{3}+1\frac{2}{3}=\frac{8}{3}+\frac{5}{3}=\frac{13}{3}=4\frac{1}{3}$ $2\frac{3}{7}+2\frac{1}{7}=$ _____

3 계산해 보세요.

❶ $4\dfrac{2}{8}+1\dfrac{1}{8}$

❷ $2\dfrac{3}{6}+3\dfrac{2}{6}$

❸ $5\dfrac{2}{9}+3\dfrac{8}{9}$

❹ $2\dfrac{6}{11}+3\dfrac{8}{11}$

4 크기를 비교하여 ○ 안에 >, =, <를 알맞게 써넣으세요.

$1\dfrac{7}{9}+1\dfrac{5}{9}$ $3\dfrac{2}{9}$

5 직사각형의 가로와 세로의 합은 몇 m인지 구해 보세요.

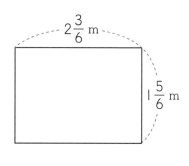

(   ) m

6 딸기를 지윤이는 $1\dfrac{8}{13}$ kg을 먹고, 동생은 $1\dfrac{9}{13}$ kg을 먹었습니다. 지윤이와 동생이 먹은 딸기는 모두 몇 kg인지 구해 보세요.

(   ) kg

받아내림이 없는 (대분수)−(대분수)

방법 1 자연수 부분끼리 빼고 분수 부분끼리 뺍니다.

$$4\frac{4}{5}-1\frac{2}{5}=(4-1)+\left(\frac{4}{5}-\frac{2}{5}\right)=3+\frac{2}{5}=3\frac{2}{5}$$

방법 2 대분수를 가분수로 바꾸어 분모는 그대로 쓰고 분자끼리 뺀 후 가분수이면 대분수로 바꿉니다.

$$4\frac{4}{5}-1\frac{2}{5}=\frac{24}{5}-\frac{7}{5}=\frac{17}{5}=3\frac{2}{5}$$

1 그림을 보고 □ 안에 알맞은 수를 써넣으세요.

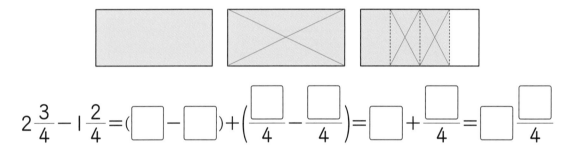

$$2\frac{3}{4}-1\frac{2}{4}=(\square-\square)+\left(\frac{\square}{4}-\frac{\square}{4}\right)=\square+\frac{\square}{4}=\square\frac{\square}{4}$$

2 수직선을 보고 □ 안에 알맞은 수를 써넣으세요.

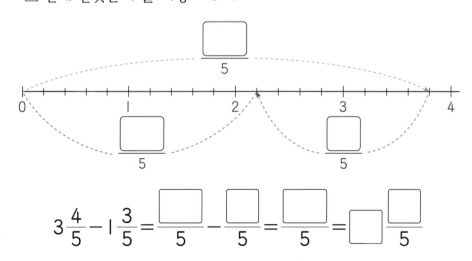

$$3\frac{4}{5}-1\frac{3}{5}=\frac{\square}{5}-\frac{\square}{5}=\frac{\square}{5}=\square\frac{\square}{5}$$

3 분수의 뺄셈을 두 가지 방법으로 계산하려고 합니다. □ 안에 알맞은 수를 써넣으세요.

❶ 자연수 부분과 분수 부분으로 나누어 계산하기

$$5\frac{4}{7} - 4\frac{1}{7} = (5 - \boxed{}) + \left(\frac{\boxed{}}{7} - \frac{\boxed{}}{7}\right) = \boxed{} + \frac{\boxed{}}{7} = \boxed{}\frac{\boxed{}}{7}$$

❷ 가분수로 바꾸어 계산하기

$$5\frac{4}{7} - 4\frac{1}{7} = \frac{\boxed{}}{7} - \frac{\boxed{}}{7} = \frac{\boxed{} - \boxed{}}{7} = \frac{\boxed{}}{7} = \boxed{}\frac{\boxed{}}{7}$$

4 계산해 보세요.

❶ $4\frac{7}{9} - 2\frac{3}{9}$

❷ $8\frac{5}{8} - 6\frac{2}{8}$

5 가장 큰 분수와 가장 작은 분수의 차를 구하는 식을 쓰고 답을 구해 보세요.

$$1\frac{5}{12} \qquad 3\frac{2}{12} \qquad 1\frac{1}{12} \qquad 2\frac{2}{12}$$

식 _____   답 _____

6 그림을 보고 집에서 도서관까지의 거리는 몇 km인지 구해 보세요.

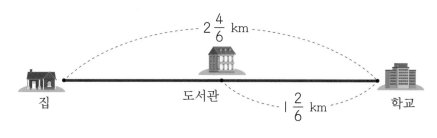

(   ) km

(자연수)−(대분수)

방법 1 자연수에서 1을 가분수로 바꾸어 자연수 부분끼리 빼고 분수 부분끼리 뺍니다.

$$3 - 1\frac{2}{3} = 2\frac{3}{3} - 1\frac{2}{3} = 1\frac{1}{3}$$

방법 2 자연수와 대분수를 가분수로 바꾸어 분모는 그대로 쓰고 분자끼리 뺀 후 가분수이면 대분수로 바꿉니다.

$$3 - 1\frac{2}{3} = \frac{9}{3} - \frac{5}{3} = \frac{4}{3} = 1\frac{1}{3}$$

1 $3 - 1\frac{1}{5}$ 을 계산하려고 합니다. 그림을 보고 □ 안에 알맞은 수를 써넣으세요.

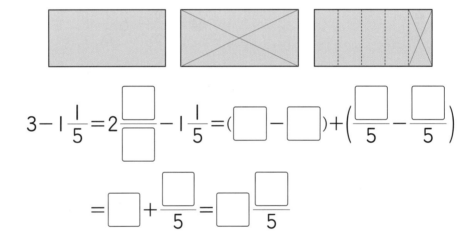

$$3 - 1\frac{1}{5} = 2\frac{\square}{\square} - 1\frac{1}{5} = \left(\square - \square\right) + \left(\frac{\square}{5} - \frac{\square}{5}\right)$$

$$= \square + \frac{\square}{5} = \square\frac{\square}{5}$$

2 □ 안에 알맞은 수를 써넣으세요.

5는 $\frac{1}{4}$이 □개, $3\frac{3}{4}$은 $\frac{1}{4}$이 □개이므로 $5-3\frac{3}{4}$은 $\frac{1}{4}$이 □개입니다.

➡ $5 - 3\frac{3}{4} = \dfrac{\square}{4} - \dfrac{\square}{4} = \dfrac{\square}{4} = \square\dfrac{\square}{4}$

3 분수의 뺄셈을 두 가지 방법으로 계산하려고 합니다. □ 안에 알맞은 수를 써넣으세요.

① 자연수에서 1을 가분수로 바꾸어 계산하기

$$8 - 5\frac{1}{2} = 7\frac{\boxed{}}{\boxed{}} - 5\frac{1}{2} = \boxed{}\frac{\boxed{}}{\boxed{}}$$

② 가분수로 바꾸어 계산하기

$$8 - 5\frac{1}{2} = \frac{\boxed{}}{2} - \frac{\boxed{}}{2} = \frac{\boxed{}}{2} = \boxed{}\frac{\boxed{}}{2}$$

4 계산해 보세요.

① $4 - 1\frac{3}{4}$

② $7 - 2\frac{5}{9}$

5 계산 결과를 비교하여 ○ 안에 >, =, <를 알맞게 써넣으세요.

$$6 - 3\frac{4}{8}$$ $$8 - 5\frac{7}{8}$$

6 냉장고에 1 L짜리 우유가 3병 있었는데 어제 $1\frac{4}{10}$ L를 마셨고, 오늘 $1\frac{1}{10}$ L를 마셨습니다. 냉장고에 남은 우유는 몇 L인지 구해 보세요.

(   ) L

받아내림이 있는 (대분수)−(대분수)

방법1 빼지는 수의 자연수에서 1만큼을 가분수로 바꾸어 자연수 부분끼리 빼고 분수 부분끼리 뺍니다.

$$3\frac{1}{4} - 1\frac{3}{4} = 2\frac{5}{4} - 1\frac{3}{4} = 1\frac{2}{4}$$

방법2 대분수를 가분수로 바꾸어 분모는 그대로 쓰고 분자끼리 뺀 후 가분수이면 대분수로 바꿉니다.

$$3\frac{1}{4} - 1\frac{3}{4} = \frac{13}{4} - \frac{7}{4} = \frac{6}{4} = 1\frac{2}{4}$$

1 $3\frac{1}{3} - 1\frac{2}{3}$ 를 두 가지 방법으로 계산하려고 합니다. □ 안에 알맞은 수를 써넣으세요.

방법1 빼지는 수의 자연수에서 1만큼을 가분수로 바꾸어 계산하기

$$3\frac{1}{3} - 1\frac{2}{3} = 2\frac{\square}{3} - 1\frac{2}{3} = (2-1) + \left(\frac{\square}{3} - \frac{2}{3}\right) = \square + \frac{\square}{3} = \square\frac{\square}{3}$$

방법2 가분수로 바꾸어 계산하기

$$3\frac{1}{3} - 1\frac{2}{3} = \frac{\square}{3} - \frac{\square}{3} = \frac{\square - \square}{3} = \frac{\square}{3} = \square\frac{\square}{3}$$

2 □ 안에 알맞은 수를 써넣으세요.

$5\frac{2}{6}$ 는 $\frac{1}{6}$ 이 $\boxed{}$ 개, $2\frac{5}{6}$ 는 $\frac{1}{6}$ 이 $\boxed{}$ 개이므로 $5\frac{2}{6} - 2\frac{5}{6}$ 는 $\frac{1}{6}$ 이 $\boxed{}$ 개입니다.

➡ $5\frac{2}{6} - 2\frac{5}{6} = \frac{\boxed{}}{6} - \frac{\boxed{}}{6} = \frac{\boxed{}}{6} = \boxed{}\frac{\boxed{}}{6}$

3 계산해 보세요.

❶ $5\frac{4}{9} - 2\frac{8}{9}$

❷ $4\frac{1}{12} - 1\frac{3}{12}$

4 계산 결과가 1과 2 사이인 뺄셈식에 모두 ○표 하세요.

$6\frac{3}{8} - 4\frac{7}{8}$	$5\frac{2}{10} - 2\frac{4}{10}$	$8\frac{7}{11} - 6\frac{10}{11}$

5 $10\frac{1}{7}$보다 $3\frac{5}{7}$만큼 더 작은 수를 구하는 식을 쓰고 답을 구해 보세요.

식 _____ 답 _____

6 가족여행을 가기 위해 짐을 싸서 무게를 재었더니 내 가방의 무게는 $15\frac{2}{5}$ kg이고, 동생의 가방의 무게는 $11\frac{4}{5}$ kg이었습니다. 내 가방의 무게는 동생의 가방의 무게보다 몇 kg 더 무거운지 구해 보세요.

(   ) kg

7 계산 결과가 가장 작은 뺄셈식을 만들려고 합니다. 보기에서 □ 안에 알맞은 수를 골라 계산 결과가 가장 작은 뺄셈식을 만들고 계산해 보세요.

보기   5, 4, 3

$3\frac{4}{6} - 2\frac{\square}{6}$

계산 결과가 가장 작은 뺄셈식 _____ 답 _____

연습 문제

[1~14] 계산해 보세요.

1   $\dfrac{1}{4} + \dfrac{2}{4}$

2   $\dfrac{3}{7} + \dfrac{1}{7}$

3   $\dfrac{5}{11} + \dfrac{6}{11}$

4   $\dfrac{2}{5} + \dfrac{4}{5}$

5   $\dfrac{6}{12} + \dfrac{8}{12}$

6   $\dfrac{11}{13} + \dfrac{4}{13}$

7   $1\dfrac{2}{5} + 2\dfrac{1}{5}$

8   $4\dfrac{2}{9} + 3\dfrac{5}{9}$

9   $2\dfrac{3}{9} + 3\dfrac{4}{9}$

10   $1\dfrac{3}{5} + 2\dfrac{1}{5}$

11   $5\dfrac{5}{7} + 2\dfrac{4}{7}$

12   $1\dfrac{5}{8} + 4\dfrac{7}{8}$

13   $2\dfrac{2}{3} + 3\dfrac{2}{3}$

14   $4\dfrac{9}{12} + 3\dfrac{8}{12}$

[15~28] 계산해 보세요.

15 $\dfrac{7}{8} - \dfrac{2}{8}$

16 $\dfrac{10}{15} - \dfrac{7}{15}$

17 $1 - \dfrac{7}{10}$

18 $1 - \dfrac{6}{9}$

19 $3\dfrac{5}{6} - 1\dfrac{2}{6}$

20 $4\dfrac{2}{3} - 3\dfrac{1}{3}$

21 $3 - 1\dfrac{2}{3}$

22 $6 - 3\dfrac{8}{9}$

23 $4 - 1\dfrac{7}{12}$

24 $9 - 2\dfrac{4}{11}$

25 $6\dfrac{2}{5} - 1\dfrac{3}{5}$

26 $8\dfrac{2}{10} - 5\dfrac{4}{10}$

27 $9\dfrac{5}{11} - 6\dfrac{10}{11}$

28 $5\dfrac{10}{20} - 2\dfrac{13}{20}$

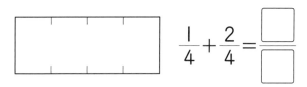

단원 평가

1 그림에 $\dfrac{1}{4}+\dfrac{2}{4}$ 를 나타내고 얼마인지 알아보세요.

$$\dfrac{1}{4}+\dfrac{2}{4}=\dfrac{\square}{\square}$$

2 ㉠과 ㉡의 합을 구해 보세요.

$\dfrac{3}{6}$ 은 $\dfrac{1}{6}$ 이 3개, $\dfrac{5}{6}$ 는 $\dfrac{1}{6}$ 이 5개이므로 $\dfrac{3}{6}+\dfrac{5}{6}$ 는 $\dfrac{1}{6}$ 이 모두 ㉠개입니다.

➡ $\dfrac{3}{6}+\dfrac{5}{6}=\dfrac{㉠}{6}=1\dfrac{㉡}{6}$

(   )

3 계산 결과가 큰 덧셈식부터 차례대로 기호를 써 보세요.

㉠ $2\dfrac{7}{10}+1\dfrac{3}{10}$ ㉡ $3\dfrac{1}{10}+2\dfrac{8}{10}$ ㉢ $3\dfrac{2}{10}+\dfrac{11}{10}$

(   )

4 계산 결과를 비교하여 ○ 안에 >, =, <를 알맞게 써넣으세요.

$\dfrac{4}{5}-\dfrac{1}{5}$ ○ $2\dfrac{3}{5}-1\dfrac{2}{5}$

5 보기 와 같이 계산해 보세요.

보기 $7 - 1\frac{1}{4} = 6\frac{4}{4} - 1\frac{1}{4} = 5\frac{3}{4}$

$4 - 1\frac{2}{8} = $ _____

6 □ 안에 알맞은 수를 써넣으세요.

$4\frac{1}{6} - 2\frac{5}{6} = \dfrac{\boxed{}}{6} - \dfrac{\boxed{}}{6} = \dfrac{\boxed{}}{6} = \boxed{}\dfrac{\boxed{}}{6}$

7 가장 큰 수와 가장 작은 수의 차를 구해 보세요.

$1\frac{2}{7}$ $2\frac{1}{7}$ $1\frac{6}{7}$

(   )

8 그림과 같이 길이가 1 m인 색 테이프 2장을 $\frac{2}{9}$ m만큼 겹치게 이어 붙였습니다. 이어 붙여 만든 색 테이프의 전체 길이는 몇 m인지 구해 보세요.

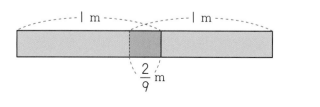

(   ) m

실력 키우기

1 ㉠에 알맞은 분수를 구해 보세요.

$$㉠ + 1\frac{3}{8} = 4\frac{1}{8}$$

(   )

2 1부터 9까지의 수 중에서 □ 안에 들어갈 수 있는 자연수를 모두 구해 보세요.

$$5\frac{1}{10} - 3\frac{4}{10} < 1\frac{\square}{10}$$

(   )

3 지민이는 영화를 $2\frac{2}{6}$시간 동안 보고, 숙제를 $1\frac{4}{6}$시간 동안 하였습니다. 지민이가 영화를 보고 숙제를 하는 데 걸린 시간은 모두 몇 시간인지 구해 보세요.

(   )시간

4 어떤 수에서 $\frac{3}{4}$을 뺐더니 $2\frac{2}{4}$가 되었습니다. 어떤 수에 $1\frac{1}{4}$을 더하면 얼마인지 구해 보세요.

(   )

5 대분수로만 만들어진 뺄셈식입니다. ★＋▲가 가장 클 때의 값을 구해 보세요.

$$4\frac{★}{8} - 3\frac{▲}{8} = 1\frac{4}{8}$$

(   )

2. 삼각형

- 변의 길이에 따라 삼각형 분류하기

- 이등변삼각형의 성질 알아보기

- 정삼각형의 성질 알아보기

- 각의 크기에 따라 삼각형 분류하기

- 두 가지 기준으로 삼각형 분류하기

변의 길이에 따라 삼각형 분류하기

• 이등변삼각형: 두 변의 길이가 같은 삼각형

• 정삼각형: 세 변의 길이가 같은 삼각형

[1~3] 삼각형을 보고 물음에 답하세요.

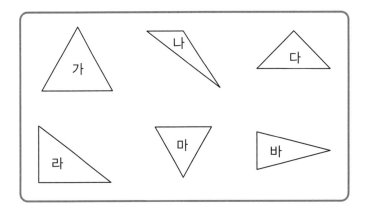

1 두 변의 길이가 같은 삼각형을 모두 찾아 기호를 써 보세요.

(   )

2 세 변의 길이가 같은 삼각형을 모두 찾아 기호를 써 보세요.

(   )

3 알맞은 말에 ○표 하세요.

❶ 두 변의 길이가 같은 삼각형을 (이등변삼각형 , 정삼각형)이라고 합니다.

❷ 세 변의 길이가 같은 삼각형을 (정삼각형 , 직각삼각형)이라고 합니다.

4 이등변삼각형을 보고, □ 안에 알맞은 수를 써넣으세요.

❶

☐ cm   7 cm

5 cm

❷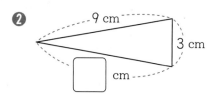

9 cm

3 cm

☐ cm

5 정삼각형을 모두 찾아 ○표 하세요.

3 cm   4 cm

4 cm

(   )

4 cm

4 cm   4 cm

(   )

6 cm

4 cm

4 cm

(   )

6 cm   6 cm

6 cm

(   )

6 친구들이 막대를 이용하여 삼각형을 만들고 있습니다. 물음에 답하세요.

현수: 내가 가지고 있는 막대는 5 cm, 5 cm, 8 cm야.

하율: 나는 6 cm짜리 막대 3개를 가지고 있어.

태환: 나는 7 cm짜리 막대 2개, 10 cm짜리 막대 1개를 가지고 있어.

윤희: 나는 3 cm, 4 cm, 5 cm짜리 막대를 각각 1개씩 가지고 있어.

❶ 가지고 있는 막대로 이등변삼각형을 만들 수 있는 친구를 모두 찾아 이름을 써 보세요.

(   )

❷ 가지고 있는 막대로 정삼각형을 만들 수 있는 친구를 찾아 이름을 써 보세요.

(   )

이등변삼각형의 성질 알아보기

이등변삼각형에서 길이가 같은 두 변에 있는 두 각의 크기가 같습니다.

크기가 같습니다.

➡ (각 ㄱㄴㄷ)=(각 ㄱㄷㄴ)

1 이등변삼각형을 모두 찾아 기호를 써 보세요.

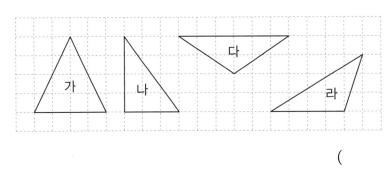

(   )

2 이등변삼각형에 대한 설명으로 옳은 것을 모두 찾아 기호를 써 보세요.

> ㉠ 두 변의 길이가 같습니다.
> ㉡ 두 각의 크기가 같습니다.
> ㉢ 세 변의 길이가 모두 다릅니다.

(   )

3 다음은 이등변삼각형입니다. □ 안에 알맞은 수를 써넣으세요.

❶
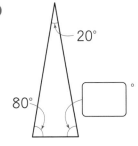
20°
80°
□ °

❷
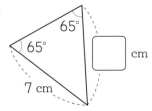
65°
65°
7 cm
□ cm

4 다음은 이등변삼각형입니다. 세 변의 길이의 합은 몇 cm인지 구해 보세요.

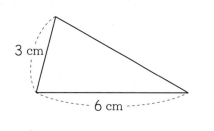

(   ) cm

5 다음은 이등변삼각형입니다. □ 안에 알맞은 수를 써넣으세요.

 ❶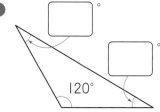

❷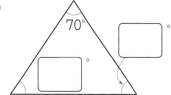

6 삼각형의 세 각 중 두 각을 나타낸 것입니다. 이등변삼각형을 모두 찾아 기호를 써 보세요.

ㄱ 40°, 40°　　ㄴ 80°, 30°
ㄷ 90°, 45°　　ㄹ 85°, 35°

(   )

7 주어진 선분이 한 변이 되도록 이등변삼각형을 각각 완성해 보세요.

정삼각형의 성질 알아보기

정삼각형의 세 각의 크기는 모두 같습니다.

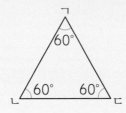

➡ (각 ㄱㄴㄷ)=(각 ㄱㄷㄴ)=(각 ㄴㄱㄷ)=60°

1 그림을 보고 물음에 답하세요.

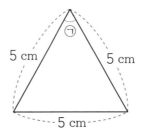

❶ 알맞은 말에 ◯표 하세요.

> (이등변삼각형 , 정삼각형)은 세 변의 길이가 모두 같습니다.

❷ □ 안에 알맞은 수를 써넣으세요.

> 삼각형의 세 각의 크기의 합은 180°이고, 정삼각형은 세 각의 크기가 같으므로 ㉠의 크기는
> 180°÷3=□°입니다.

2 다음은 정삼각형입니다. □ 안에 알맞은 수를 써넣으세요.

❶

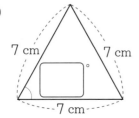

❷

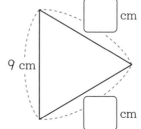

3 정삼각형에 대한 설명으로 옳지 <u>않은</u> 것을 찾아 기호를 써 보세요.

> ㉠ 한 각의 크기가 60°입니다.
> ㉡ 세 변의 길이가 모두 다릅니다.
> ㉢ 이등변삼각형이라고 할 수 있습니다.

(   )

4 다음은 정삼각형입니다. 세 변의 길이의 합은 몇 cm인지 구해 보세요.

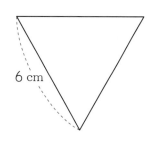

6 cm

(   ) cm

5 15 cm의 끈을 모두 사용하여 세 변의 길이와 세 각의 크기가 모두 같은 삼각형을 만들었습니다. 이 삼각형의 한 변의 길이는 몇 cm인지 구해 보세요.

(   ) cm

6 주어진 선분을 한 변으로 하는 정삼각형을 각각 그려 보세요.

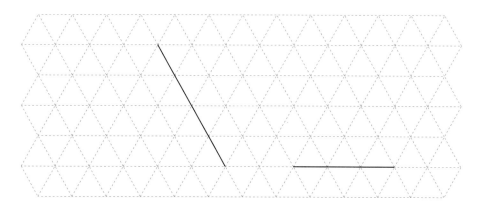

각의 크기에 따라 삼각형 분류하기

- 예각삼각형: 세 각이 모두 예각인 삼각형

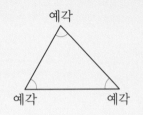

- 둔각삼각형: 한 각이 둔각인 삼각형

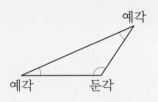

1 삼각형을 보고 □ 안에 알맞은 말을 써넣으세요.

❶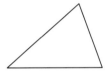

세 각이 모두 □ 인 삼각형을 □ 삼각형이라고 합니다.

❷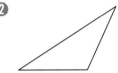

한 각이 □ 인 삼각형을 □ 삼각형이라고 합니다.

2 각의 크기에 따라 삼각형을 분류하려고 합니다. 물음에 답하세요.

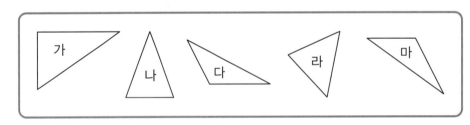

❶ 직각삼각형을 찾아 기호를 써 보세요.

( )

❷ 예각삼각형을 모두 찾아 기호를 써 보세요.

( )

❸ 둔각삼각형을 모두 찾아 기호를 써 보세요.

( )

3 삼각형의 세 각의 크기가 다음과 같을 때, 어떤 삼각형인지 찾아 ○표 하세요.

❶

| 30° | 110° | 40° |

(예각삼각형 , 직각삼각형 , 둔각삼각형)

❷

| 40° | 80° | 60° |

(예각삼각형 , 직각삼각형 , 둔각삼각형)

4 다음 도형을 설명한 것을 보고 바르게 설명한 친구의 이름을 써 보세요.

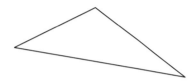

> **진우:** 예각이 있으므로 예각삼각형입니다.
>
> **주원:** 한 각이 둔각인 삼각형이므로 둔각삼각형입니다.

(   )

5 두 각의 크기가 각각 45°, 30°인 삼각형이 있습니다. 이 삼각형은 예각삼각형, 직각삼각형, 둔각삼각형 중 어떤 삼각형인지 써 보세요.

(   )

6 예각삼각형과 둔각삼각형을 각각 1개씩 그려 보세요.

❶

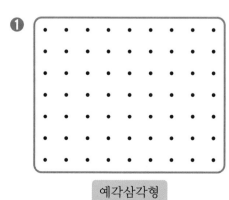

예각삼각형

❷

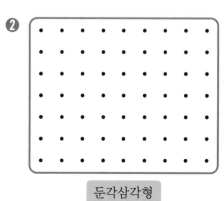

둔각삼각형

두 가지 기준으로 삼각형 분류하기

- 삼각형을 변의 길이에 따라 이등변삼각형과 정삼각형으로 분류합니다.
- 삼각형을 각의 크기에 따라 예각삼각형, 직각삼각형, 둔각삼각형으로 분류합니다.

1 삼각형을 보고 □ 안에 알맞은 말을 써넣으세요.

❶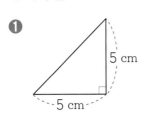

- 두 변의 길이가 같으므로 [   ] 입니다.
- 한 각이 직각이므로 [   ] 입니다.

❷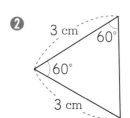

- 세 변의 길이가 같으므로 [   ] 입니다.
- 세 각이 모두 예각이므로 [   ] 입니다.

❸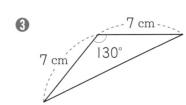

- 두 변의 길이가 같으므로 [   ] 입니다.
- 한 각이 둔각이므로 [   ] 입니다.

2 삼각형의 이름을 보기 에서 모두 찾아 기호를 써 보세요.

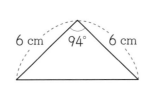

보기
- ㉠ 이등변삼각형
- ㉡ 정삼각형
- ㉢ 예각삼각형
- ㉣ 둔각삼각형

(   )

3 그림을 보고 물음에 답하세요.

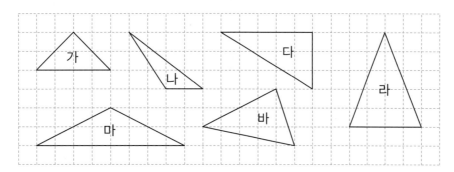

❶ 변의 길이에 따라 삼각형을 분류하여 기호를 써 보세요.

이등변삼각형	세 변의 길이가 모두 다른 삼각형

❷ 각의 크기에 따라 삼각형을 분류하여 기호를 써 보세요.

예각삼각형	직각삼각형	둔각삼각형

❸ 각의 크기와 변의 길이에 따라 삼각형을 분류하여 기호를 써 보세요.

	이등변삼각형	세 변의 길이가 모두 다른 삼각형
예각삼각형		
직각삼각형		
둔각삼각형		

4 설명하는 도형을 그려 보세요.

❶
- 변이 3개입니다.
- 두 변의 길이가 같습니다.
- 세 각이 모두 예각입니다.

❷
- 변이 3개입니다.
- 두 변의 길이가 같습니다.
- 한 각이 둔각입니다.

연습 문제

[1~4] 다음은 이등변삼각형입니다. □ 안에 알맞은 수를 써넣으세요.

1
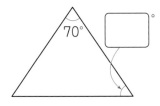
6 cm
11 cm
☐ cm

2
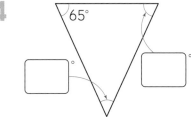
☐ cm
9 cm
13 cm

3
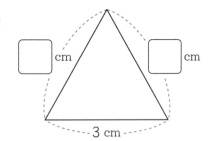
70°
☐°

4
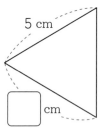
65°
☐°
☐°

[5~8] 다음은 정삼각형입니다. □ 안에 알맞은 수를 써넣으세요.

5
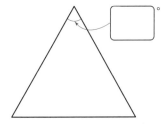
☐ cm
☐ cm
3 cm

6
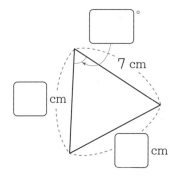
5 cm
☐ cm

7
☐°

8

☐°
7 cm
☐ cm
☐ cm

9 예각삼각형이면 '예', 둔각삼각형이면 '둔', 직각삼각형이면 '직'을 써 보세요.

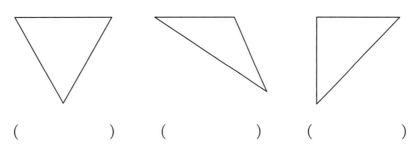

(   )   (   )   (   )

[10~11] 관계있는 것끼리 모두 이어 보세요.

10
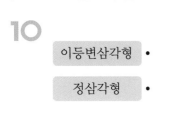

이등변삼각형 •

정삼각형 •

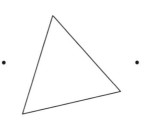

• 예각삼각형

• 직각삼각형

• 둔각삼각형

11
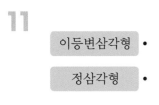

이등변삼각형 •

정삼각형 •

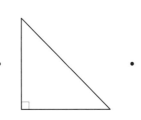

• 예각삼각형

• 직각삼각형

• 둔각삼각형

12 이등변삼각형이면서 다음 조건을 만족하는 삼각형을 각각 그려 보세요.

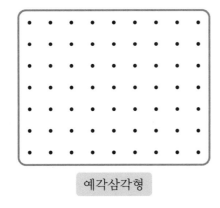

예각삼각형

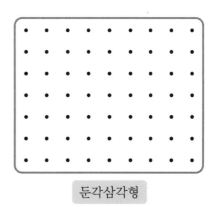

둔각삼각형

단원 평가

1 변의 길이에 따라 삼각형을 분류하여 기호를 써 보세요.

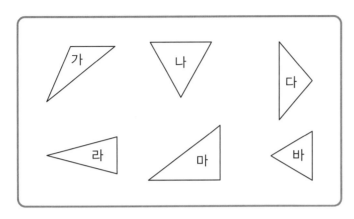

이등변삼각형	
정삼각형	

2 다음은 이등변삼각형입니다. □ 안에 알맞은 수를 써넣으세요.

❶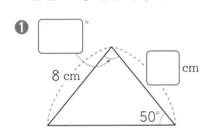

❷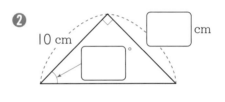

3 다음은 정삼각형입니다. □ 안에 알맞은 수를 써넣으세요.

❶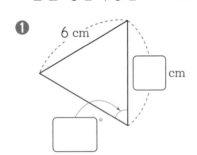

❷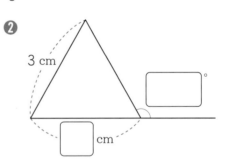

4 오른쪽 삼각형은 정삼각형입니다. 삼각형의 세 변의 길이의 합은 몇 cm인 지 구해 보세요.

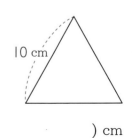

(   ) cm

5 삼각형의 두 각의 크기를 나타낸 것입니다. 예각삼각형에는 '예', 둔각삼각형에는 '둔'을 써 보세요.

❶
```
100°, 45°
```
(   )

❷
```
30°, 35°
```
(   )

❸
```
65°, 35°
```
(   )

6 직사각형 모양의 종이를 점선을 따라 오려 여러 개의 삼각형을 만들려고 합니다. 삼각형을 분류하여 알맞게 기호를 써 보세요.

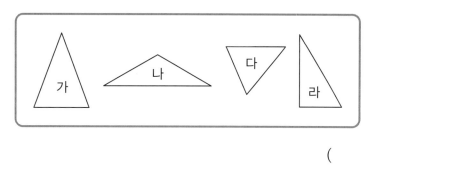

예각삼각형	직각삼각형	둔각삼각형

7 이등변삼각형이면서 둔각삼각형인 것을 찾아 기호를 써 보세요.

(   )

8 삼각형의 일부가 지워졌습니다. 이 삼각형은 어떤 삼각형인지 2가지로 써 보세요.

30°

75°

(   ), (   )

실력 키우기

1 이등변삼각형 ㄱㄴㄷ의 세 변의 길이의 합은 24 cm입니다. 변 ㄴㄷ의 길이는 몇 cm인가요?

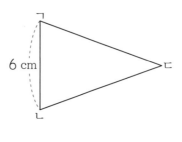

(   ) cm

2 삼각형 ㄱㄴㄷ은 이등변삼각형입니다. □ 안에 알맞은 수를 써넣으세요.

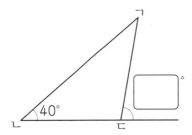

3 다음 이등변삼각형과 세 변의 길이의 합이 같은 정삼각형이 있습니다. 정삼각형의 한 변의 길이는 몇 cm인지 구해 보세요.

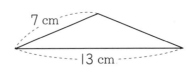

(   ) cm

4 그림을 보고 물음에 답하세요.

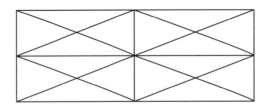

❶ 그림에서 찾을 수 있는 크고 작은 예각삼각형은 모두 몇 개인지 구해 보세요.

(   )개

❷ 그림에서 찾을 수 있는 크고 작은 둔각삼각형은 모두 몇 개인지 구해 보세요.

(   )개

3. 소수의 덧셈과 뺄셈

- 소수 두 자리 수 알아보기

- 소수 세 자리 수 알아보기

- 소수의 크기 비교하기

- 소수 사이의 관계 알아보기

- 소수 한 자리 수의 덧셈 계산하기

- 소수 한 자리 수의 뺄셈 계산하기

- 소수 두 자리 수의 덧셈 계산하기

- 소수 두 자리 수의 뺄셈 계산하기

소수 두 자리 수 알아보기

• 1보다 작은 소수 두 자리 수

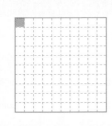 $\dfrac{1}{100}=0.01$ ➡

쓰기	읽기
0.01	영 점 영일

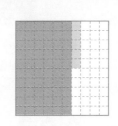 $\dfrac{65}{100}=0.65$ ➡

쓰기	읽기
0.65	영 점 육오

• 1보다 큰 소수 두 자리 수

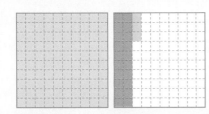

$1\dfrac{23}{100}=1.23$ ➡

쓰기	읽기
1.23	일 점 이삼

일의 자리		소수 첫째 자리	소수 둘째 자리
1	.		
0	.	2	
0	.	0	3

1.23에서

1은 일의 자리 숫자이고, 1을 나타냅니다.

2는 소수 첫째 자리 숫자이고, 0.2를 나타냅니다.

3은 소수 둘째 자리 숫자이고, 0.03을 나타냅니다.

1 전체 크기가 1인 모눈종이에 색칠된 부분의 크기를 분수와 소수로 나타내어 보세요.

분수 (   )

소수 (   )

2 다음 분수를 소수로 나타낸 것으로 알맞은 것에 ◯표 하세요.

❶ $\dfrac{2}{100}$

0.02 (   )

0.2 (   )

❷ $\dfrac{45}{100}$

0.045 (   )

0.45 (   )

3 5.48의 각 자리 숫자와 그 숫자가 나타내는 수를 알아보려고 합니다. ☐ 안에 알맞은 수나 말을 써넣으세요.

> 5는 일의 자리 숫자이고, 5를 나타냅니다.
>
> 4는 ☐ 자리 숫자이고, ☐ 을/를 나타냅니다.
>
> 8은 ☐ 자리 숫자이고, ☐ 을/를 나타냅니다.

4 다음 분수를 소수로 나타내어 보세요.

❶ $3\frac{96}{100}$ ➡ ☐

❷ $5\frac{24}{100}$ ➡ ☐

5 ☐ 안에 알맞은 수를 써넣으세요.

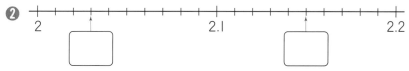

❶
0   ☐   0.1   ☐   0.2

❷
2   ☐   2.1   ☐   2.2

6 ☐ 안에 알맞은 수를 써넣으세요.

> 1이 6개, 0.1이 0개, $\frac{1}{100}$이 4개인 수 ➡ ☐

7 밑줄 친 숫자 7이 0.7을 나타내는 소수에 ◯표 하세요.

> 2.5<u>7</u>   1.<u>7</u>5   <u>7</u>.04

8 주현이의 키는 136 cm입니다. 주현이의 키는 몇 m인지 소수로 써 보세요.

(   ) m

소수 세 자리 수 알아보기

• 1보다 작은 소수 세 자리 수

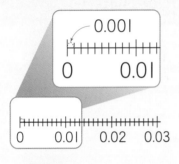

$$\frac{1}{1000} = 0.001 \Rightarrow$$

쓰기	읽기
0.001	영 점 영영일

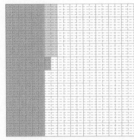

$$\frac{345}{1000} = 0.345 \Rightarrow$$

쓰기	읽기
0.345	영 점 삼사오

• 1보다 큰 소수 세 자리 수

$$6\frac{789}{1000} = 6.789 \Rightarrow$$

쓰기	읽기
6.789	육 점 칠팔구

일의 자리		소수 첫째 자리	소수 둘째 자리	소수 셋째 자리
6	.			
0	.	7		
0	.	0	8	
0	.	0	0	9

6.789에서

6은 일의 자리 숫자이고 6을 나타냅니다.

7은 소수 첫째 자리 숫자이고 0.7을 나타냅니다.

8은 소수 둘째 자리 숫자이고 0.08을 나타냅니다.

9는 소수 셋째 자리 숫자이고 0.009를 나타냅니다.

1 □ 안에 알맞은 소수를 써넣으세요.

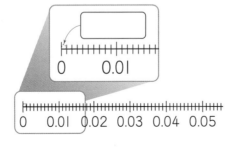

$$\frac{1}{1000} = \boxed{}$$

2 전체 크기가 1인 모눈종이에 색칠된 부분의 크기를 분수와 소수로 나타내어 보세요.

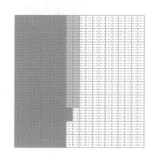

분수 (   )

소수 (   )

3 관계있는 것끼리 이어 보세요.

| 1이 1개, $\dfrac{1}{10}$이 4개, $\dfrac{1}{1000}$이 5개인 수 | ● | ● | 영 점 칠구사 |

| 0.1이 7개, $\dfrac{1}{100}$이 9개, 0.001이 4개인 수 | ● | ● | 일 점 사영오 |

4 5.367을 수직선에 ↑로 나타내어 보세요.

5.36   5.37

5 밑줄 친 1이 나타내는 수를 써 보세요.

❶   0.24<u>1</u> ➡ (   )

❷   7.<u>1</u>56 ➡ (   )

6 소수 5.049에 대한 설명 중 <u>틀린</u> 설명을 찾아 기호를 써 보세요.

> ㉠ 5는 일의 자리 숫자입니다.
> ㉡ 오 점 사십구라고 읽습니다.
> ㉢ 소수 첫째 자리 숫자는 0입니다.
> ㉣ 9는 소수 셋째 자리 숫자이고, 0.009를 나타냅니다.

(   )

소수의 크기 비교하기

• 0.5와 0.50 비교하기

필요한 경우 오른쪽 끝자리에 0을 붙여서 나타낼 수 있습니다.

$$0.5 = 0.50$$

• 소수의 크기 비교

높은 자리부터 차례대로 같은 자리 수의 크기를 비교합니다.

소수 첫째 자리 수 비교	소수 둘째 자리 수 비교	소수 셋째 자리 수 비교
5.489 < 5.637	2.195 > 2.179	4.208 > 4.202

1 전체 크기가 1인 모눈종이에 주어진 소수만큼 색칠하고, 크기를 비교하여 ◯ 안에 >, =, <를 알맞게 써넣으세요.

0.45 ◯ 0.41

2 다음 중 0.34와 같은 수를 찾아 ◯표 하세요.

0.340   0.034   3.40

3 소수에서 생략할 수 있는 0을 찾아 보기 와 같이 나타내어 보세요.

보기 0.1Ø

0.002	1.050	10.08
0.0060	7.06500	18.260

4 두 소수의 크기를 비교하여 ○ 안에 >, =, <를 알맞게 써넣으세요.

➊ 0.43 ◯ 0.32

➋ 1.601 ◯ 1.653

➌ 5.08 ◯ 5.80

➍ 2.567 ◯ 2.58

5 두 소수의 크기를 비교하여 ○ 안에 >, =, <를 알맞게 써넣고, □ 안에 알맞은 수를 써넣으세요.

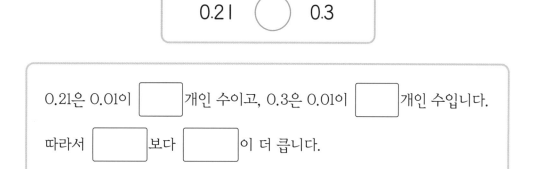

0.21 ◯ 0.3

0.21은 0.01이 ☐ 개인 수이고, 0.3은 0.01이 ☐ 개인 수입니다.

따라서 ☐ 보다 ☐ 이 더 큽니다.

6 가장 작은 수부터 차례대로 놓아 문장을 완성해 보세요.

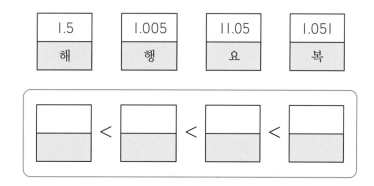

| 1.5 | 1.005 | 11.05 | 1.051 |
| 해 | 행 | 요 | 복 |

☐ < ☐ < ☐ < ☐

7 주원이와 친구들이 멀리뛰기를 하였습니다. 가장 멀리 뛴 친구의 이름을 써 보세요.

이름	주원	태훈	민서
거리	1.218 m	1.207 m	1.186 m

(   )

소수 사이의 관계 알아보기

• **1, 0.1, 0.01, 0.001 사이의 관계**

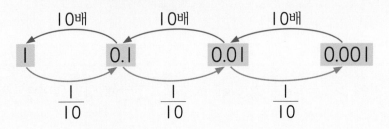

• **소수 사이의 관계**

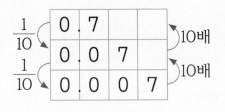

• 소수의 $\frac{1}{10}$은 소수점을 기준으로 수가 오른쪽으로 한 자리 이동합니다.

• 소수를 10배 하면 소수점을 기준으로 수가 왼쪽으로 한 자리 이동합니다.

1 □ 안에 알맞은 수를 써넣으세요.

❶ 0.1은 1의 $\dfrac{1}{\boxed{}}$ 입니다.

❷ 0.1은 0.001의 □ 배입니다.

❸ 0.01의 1000배는 □ 입니다.

2 빈 곳에 알맞은 수를 써넣으세요.

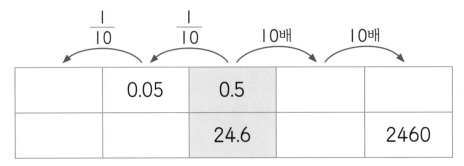

	$\frac{1}{10}$	$\frac{1}{10}$	10배	10배
	0.05	0.5		
		24.6		2460

3 □ 안에 알맞은 수를 써넣으세요.

❶ 0.06의 10배는 □이고, 100배는 □입니다.

❷ 15의 $\frac{1}{10}$은 □이고, $\frac{1}{100}$은 □입니다.

4 다음 중 나타내는 수가 10인 것에 모두 ○표 하세요.

| 0.01의 10배 | 100의 $\frac{1}{10}$ | 0.1의 100배 | 10의 $\frac{1}{100}$ |

(   )   (   )   (   )   (   )

5 관계있는 것끼리 이어 보세요.

| 0.486의 100배 | • | • | 4.86 |

| 4.86의 100배 | • | • | 48.6 |

| 486의 $\frac{1}{100}$ | • | • | 486 |

6 현준이가 구하려고 하는 수는 얼마인지 써 보세요.

> 1이 8개, 0.1이 2개, 0.01이 4개, 0.001이 3개인 소수를 10배 하면 어떤 수가 나올까?

현준

(   )

소수 한 자리 수의 덧셈 계산하기

• 2.8+1.5의 계산

방법1 2.8은 0.1이 28개이고, 1.5는 0.1이 15개이므로 2.8+1.5는 0.1이 모두 43개입니다. ➡ 2.8+1.5=4.3

방법2 소수점의 자리를 맞추어 쓰고 자연수의 덧셈과 같은 방법으로 계산한 다음 소수점을 그대로 내려 찍습니다.

$$\begin{array}{r} 2.8 \\ +\ 1.5 \\ \hline 3 \end{array} \Rightarrow \begin{array}{r} 2.8 \\ +\ 1.5 \\ \hline 4.3 \end{array}$$

1 그림을 보고 □ 안에 알맞은 수를 써넣으세요.

❶ 0.4+0.2=□

❷ 0.8+0.9=□

2 □ 안에 알맞은 수를 써넣으세요.

1.5는 0.1이 □개, 0.7은 0.1이 □개입니다.

1.5+0.7은 0.1이 모두 □개이므로 □입니다.

3 □ 안에 알맞은 수를 써넣으세요.

$$\begin{array}{r} 2.4 \\ +\ 1.8 \\ \hline \end{array} \Rightarrow \begin{array}{r} \square \\ 2.4 \\ +\ 1.8 \\ \hline \square \end{array} \Rightarrow \begin{array}{r} \square \\ 2.4 \\ +\ 1.8 \\ \hline \square.\square \end{array}$$

4 계산해 보세요.

① 1.4+2.3

② 4.6+7.8

③ $\begin{array}{r} 1.2 \\ +\ 0.7 \\ \hline \end{array}$

④ $\begin{array}{r} 5.6 \\ +\ 2.7 \\ \hline \end{array}$

5 계산 결과를 비교하여 ○ 안에 >, =, <를 알맞게 써넣으세요.

① 4.6+8.4 ◯ 5.1+7.3

② 7.3+1.4 ◯ 2.5+7.9

6 수 카드를 한 번씩 모두 사용하여 가장 큰 소수 한 자리 수와 가장 작은 소수 한 자리 수를 만들려고 합니다. 두 소수의 합을 구하는 식을 쓰고 답을 구해 보세요.

$$\boxed{6}\quad\boxed{3}\quad\boxed{8}\quad\boxed{\ .\ }$$

식 _____   답 _____

7 유섭이가 작년에 키를 재었더니 131.5 cm이었습니다. 올해는 작년보다 키가 4.2 cm 더 자랐습니다. 올해 유섭이의 키는 몇 cm인지 식을 쓰고 답을 구해 보세요.

식 _____   답 _____ cm

소수 한 자리 수의 뺄셈 계산하기

• 2.2-1.7의 계산

방법 1 2.2는 0.1이 22개이고, 1.7은 0.1이 17개이므로 2.2-1.7은 0.1이 모두 5개입니다.

➡ 2.2-1.7=0.5

방법 2 소수점의 자리를 맞추어 쓰고 자연수의 뺄셈과 같은 방법으로 계산한 다음 소수점을 그대로 내려 찍습니다.

1 색칠된 부분에서 0.5만큼 ×로 지우고 □ 안에 알맞은 수를 써넣으세요.

$$0.8 - 0.5 = \boxed{}$$

2 수직선을 보고 □ 안에 알맞은 수를 써넣으세요.

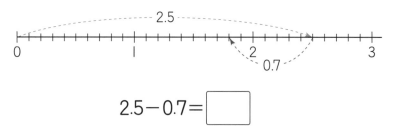

$$2.5 - 0.7 = \boxed{}$$

3 □ 안에 알맞은 수를 써넣으세요.

1.3은 0.1이 $\boxed{}$ 개이고, 0.9는 0.1이 $\boxed{}$ 개입니다.

1.3-0.9는 0.1이 $\boxed{}$ 개이므로 $\boxed{}$ 입니다.

4 □ 안에 알맞은 수를 써넣으세요.

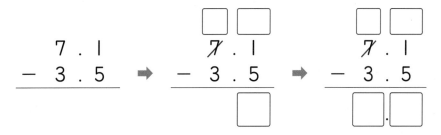

5 계산해 보세요.

❶ 3.4 − 1.6

❷ 11.5 − 7.4

❸
$$\begin{array}{r} 8.2 \\ -\ 7.1 \\ \hline \end{array}$$

❹
$$\begin{array}{r} 4.3 \\ -\ 2.9 \\ \hline \end{array}$$

6 계산 결과가 작은 것부터 차례대로 기호를 써 보세요.

| ㉠ 9.7 − 5.7 | ㉡ 10.2 − 4.3 | ㉢ 1 − 0.5 | ㉣ 1.6 − 0.7 |

(   )

7 두 달 전에 강아지의 몸무게를 재었더니 5.3 kg이었습니다. 오늘 강아지의 몸무게를 재어 보니 6.1 kg이었습니다. 강아지의 몸무게가 두 달 동안 몇 kg 늘었는지 식을 쓰고 답을 구해 보세요.

식 _____   답 _____ kg

소수 두 자리 수의 덧셈 계산하기

- **0.34+0.89의 계산**

  소수점의 자리를 맞추어 쓰고 자연수의 덧셈과 같은 방법으로 계산한 다음 소수점을 그대로 내려 찍습니다.

소수 둘째 자리	소수 첫째 자리	일의 자리

$$
\begin{array}{r}
0.34 \\
+\,0.89 \\
\hline
3
\end{array}
\;\Rightarrow\;
\begin{array}{r}
0.34 \\
+\,0.89 \\
\hline
23
\end{array}
\;\Rightarrow\;
\begin{array}{r}
0.34 \\
+\,0.89 \\
\hline
1\,2\,3
\end{array}
$$

1 그림을 보고 □ 안에 알맞은 수를 써넣으세요.

$$0.56+0.21=\boxed{}$$

2 수직선을 보고 □ 안에 알맞은 수를 써넣으세요.

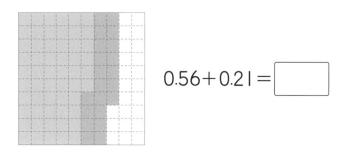

$$0.15+0.18=\boxed{}$$

3 □ 안에 알맞은 수를 써넣으세요.

$$
\begin{array}{r}
\boxed{}\\
2.7\,5 \\
+\,3.5\,6 \\
\hline
\boxed{}
\end{array}
\;\Rightarrow\;
\begin{array}{r}
\boxed{}\ \boxed{}\\
2.7\,5 \\
+\,3.5\,6 \\
\hline
\boxed{}\ \boxed{}
\end{array}
\;\Rightarrow\;
\begin{array}{r}
\boxed{}\ \boxed{}\\
2.7\,5 \\
+\,3.5\,6 \\
\hline
\boxed{}\ \boxed{}.\boxed{}\ \boxed{}
\end{array}
$$

4 □ 안에 알맞은 수를 써넣으세요.

0.73은 0.01이 [　　] 개이고, 2.15는 0.01이 [　　] 개입니다.

0.73+2.15는 0.01이 모두 [　　] 개이므로 [　　] 입니다.

5 계산해 보세요.

❶ 2.46+1.26

❷ 4.94+2.15

❸
```
   1.1 9
+ 0.2 3
```

❹
```
   2.3 4
+ 3.5 4
```

6 가장 큰 수와 가장 작은 수의 합을 구해 보세요.

| 1.05 | 8.57 | 7.6 | 3.08 |

(　　　　　　　　)

7 민수가 집에서부터 학교를 지나 공원까지 걸어갔습니다. 민수가 걸은 거리는 모두 몇 km인지 구해 보세요.

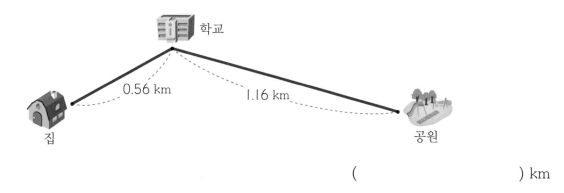

학교

0.56 km   1.16 km

집   공원

(　　　　　　　　) km

소수 두 자리 수의 뺄셈 계산하기

• **1.54−0.67의 계산**

소수점의 자리를 맞추어 쓰고 자연수의 뺄셈과 같은 방법으로 계산한 다음 소수점을 그대로 내려 찍습니다.

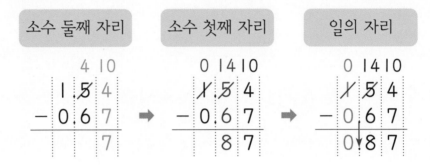

1 모눈종이 전체 크기가 1이라고 할 때, 물음에 답하고 □ 안에 알맞은 수를 써넣으세요.

❶ 0.78만큼 색칠하고, 색칠한 부분에서 0.24만큼 ×로 지워 보세요.

❷ ☐ 칸을 색칠하고 ×로 ☐ 칸을 지웠으므로 남은 부분은 ☐ 칸입니다.

❸ 0.78−0.24= ☐

2 수직선을 보고 □ 안에 알맞은 수를 써넣으세요.

1.05−0.27= ☐

3 □ 안에 알맞은 수를 써넣으세요.

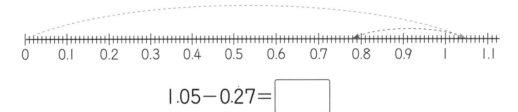

0.35는 0.01이 ☐ 개이고, 0.2는 0.01이 ☐ 개입니다.

0.35−0.2는 0.01이 ☐ 개이므로 ☐ 입니다.

4 □ 안에 알맞은 수를 써넣으세요.

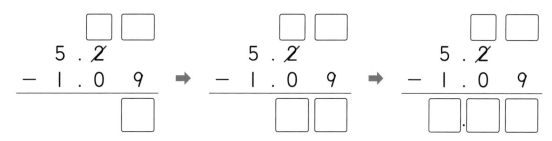

5 계산 결과를 비교하여 ○ 안에 >, =, <를 알맞게 써넣으세요.

❶ | 1.56−0.41 | ○ | 4.61−2.78 |

❷ | 2.08−1.7 | ○ | 5.31−4.92 |

6 수 카드를 한 번씩 모두 사용하여 소수 두 자리 수를 만들려고 합니다. 만들 수 있는 가장 큰 소수 두 자리 수와 가장 작은 소수 두 자리 수의 차를 구하는 식을 쓰고 답을 구해 보세요.

| 4 | | 9 | | 1 | | . |

식 _____   답 _____

7 잘못 계산한 곳을 찾아 바르게 계산해 보세요.

$$
\begin{array}{r}
7.2\,8 \\
-\quad 5.9 \\
\hline
6.6\,9
\end{array}
$$
➡

연습 문제

[1~4] 분수를 소수로 나타내고, 읽어 보세요.

1

$$\frac{5}{100}$$

소수 (　　　　　　)
읽기 (　　　　　　)

2

$$\frac{124}{100}$$

소수 (　　　　　　)
읽기 (　　　　　　)

3

$$\frac{42}{1000}$$

소수 (　　　　　　)
읽기 (　　　　　　)

4

$$7\frac{562}{1000}$$

소수 (　　　　　　)
읽기 (　　　　　　)

[5~8] 두 수의 크기를 비교하여 ○ 안에 >, =, <를 알맞게 써넣으세요.

5 10.7 ○ 8.9

6 0.75 ○ 0.725

7 1.46 ○ 1.460

8 0.876 ○ 0.89

[9~11] 빈 곳에 알맞은 수를 써넣으세요.

9

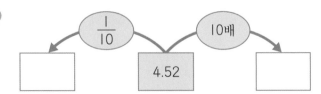

10 5.16의 10배는 [　　　]이고, 100배는 [　　　]입니다.

11 69.4의 $\frac{1}{10}$은 [　　　]이고, $\frac{1}{100}$은 [　　　]입니다.

[12~26] 계산해 보세요.

12
$$\begin{array}{r} 1.5 \\ + 4.2 \\ \hline \end{array}$$

13
$$\begin{array}{r} 8.7 \\ + 5.9 \\ \hline \end{array}$$

14
$$\begin{array}{r} 0.6 \\ + 8.8 \\ \hline \end{array}$$

15
$$\begin{array}{r} 6.5\,4 \\ + 2.0\,8 \\ \hline \end{array}$$

16
$$\begin{array}{r} 8.9 \\ + 0.7\,7 \\ \hline \end{array}$$

17
$$\begin{array}{r} 4.7\,6 \\ + 5.8 \\ \hline \end{array}$$

18
$$\begin{array}{r} 4.8 \\ - 3.6 \\ \hline \end{array}$$

19
$$\begin{array}{r} 7.2 \\ - 0.7 \\ \hline \end{array}$$

20
$$\begin{array}{r} 1\,6.6 \\ - \quad 2.8 \\ \hline \end{array}$$

21
$$\begin{array}{r} 0.7\,1 \\ - 0.6\,8 \\ \hline \end{array}$$

22
$$\begin{array}{r} 4.5\,7 \\ - 1.9\,7 \\ \hline \end{array}$$

23
$$\begin{array}{r} 2\,4.9\,1 \\ - 1\,5.8\,5 \\ \hline \end{array}$$

24
$$\begin{array}{r} 1.3 \\ - 0.5\,3 \\ \hline \end{array}$$

25
$$\begin{array}{r} 2.9 \\ - 0.5\,6 \\ \hline \end{array}$$

26
$$\begin{array}{r} 1\,6.2 \\ - \quad 9.3\,5 \\ \hline \end{array}$$

1 소수로 나타내고 읽어 보세요.

❶ 1이 1개, 0.1이 7개, 0.01이 9개인 수

❷ 1이 2개, 0.01이 3개, $\frac{1}{1000}$이 5개인 수

쓰기 _____

읽기 _____

쓰기 _____

읽기 _____

2 소수에서 밑줄 친 숫자가 나타내는 수를 써 보세요.

❶ 2.7̲48 ➡ (　　　　)　❷ 9.63̲4 ➡ (　　　　)

3 크기가 같은 수끼리 이어 보세요.

3.5 •

0.35 •

• 0.350

• 3.50

• 0.035

4 빈칸에 알맞은 수를 써넣으세요.

$\frac{1}{10}$ 　 $\frac{1}{10}$ 　 10배 　 10배

	0.1	1	10	100
	0.05	0.5		
		28.3		2830

58

5 계산해 보세요.

❶
```
   0.5
+ 2.6
------
```

❷
```
   7.9 2
+ 1.0 6
--------
```

❸
```
   2.1
- 1.7
------
```

❹
```
   3.6
- 0.7 4
--------
```

6 집에서 학교까지의 거리는 0.684 km이고, 집에서 지하철역까지의 거리는 0.679 km입니다. 학교와 지하철역 중에서 집에서 더 가까운 곳은 어디인지 구해 보세요.

(   )

7 다음 두 수의 합을 구하는 식을 쓰고 답을 구해 보세요.

| 0.1이 15개인 수 | | 0.01이 485개인 수 |

식 _____ 답 _____

8 2 L짜리 주스 한 병이 있습니다. 주연이는 0.5 L, 수진이는 0.35 L를 마셨습니다. 주연이와 수진이가 마시고 난 뒤, 남은 주스는 몇 L인지 구해 보세요.

(   ) L

실력 키우기

1 6이 나타내는 수가 가장 큰 소수를 찾아 ○표 하세요.

0.689	6.024	15.652	3.706

2 □ 안에 공통으로 들어갈 수는 얼마인지 구해 보세요.

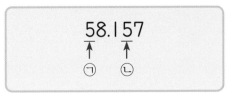

- 13.5는 0.135의 □배입니다.
- 6.249를 □배 하면 624.9입니다.

(   )

3 ㉠이 나타내는 수는 ㉡이 나타내는 수의 몇 배인지 구해 보세요.

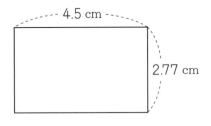

58.157
↑   ↑
㉠   ㉡

(   )배

4 다음 직사각형의 가로는 세로보다 몇 cm 더 긴지 구해 보세요.

4.5 cm

2.77 cm

(   ) cm

5 ㉠+㉡은 얼마인지 구해 보세요.

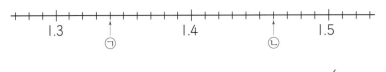

(   )

4. 사각형

- 수직 알아보기

- 평행 알아보기

- 평행선 사이의 거리 알아보기

- 사다리꼴 알아보기

- 평행사변형 알아보기

- 마름모 알아보기

- 여러 가지 사각형 알아보기

수직 알아보기

- 두 직선이 만나서 이루는 각이 직각일 때 두 직선은 서로 수직이라고 합니다.
- 두 직선이 서로 수직으로 만나면 한 직선을 다른 직선에 대한 수선이라고 합니다.

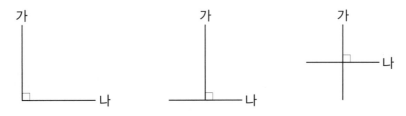

➡ 직선 가에 대한 수선: 직선 나, 직선 나에 대한 수선: 직선 가

1 두 직선이 만나서 이루는 각이 직각인 곳을 모두 찾아 ⌐ 로 표시해 보세요.

2 그림을 보고 알맞은 말에 ○표 하세요.

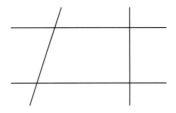

❶ 직선 나와 직선 다가 만나서 이루는 각은 직각이므로 두 직선은 서로 (수직 , 수선)입니다.

❷ 직선 나는 직선 다에 대한 (수직 , 수선)입니다.

3 그림을 보고 □ 안에 알맞은 말을 써넣으세요.

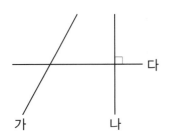

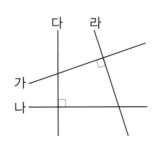

❶ 직선 가에 수직인 직선은 직선 [　] 입니다.

❷ 직선 다는 직선 나에 대한 [　　] 입니다.

4 삼각자를 사용하여 직선 **가**에 대한 수선을 바르게 그은 것을 찾아 ◯표 하세요.

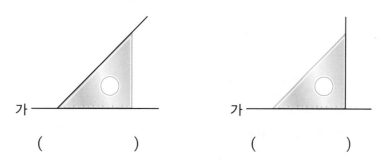

(   )   (   )

5 각도기를 사용하여 직선 **가**에 대한 수선을 바르게 그은 것을 찾아 ◯표 하세요.

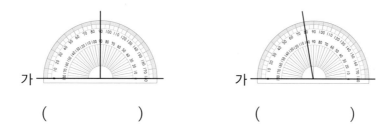

(   )   (   )

6 직선 **가**에 대한 수선이 모두 몇 개인지 구해 보세요.

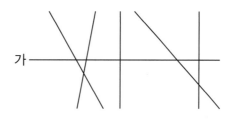

(   )개

7 모눈종이를 이용하여 주어진 선분에 대한 수선을 그어 보세요.

평행 알아보기

- 한 직선에 수직인 두 직선을 그었을 때, 그 두 직선은 서로 만나지 않습니다.
- 서로 만나지 않는 두 직선을 **평행**하다고 합니다.
- 평행한 두 직선을 **평행선**이라고 합니다.

1 그림을 보고 □ 안에 알맞은 말을 써넣으세요.

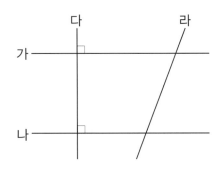

❶ 직선 다에 수직인 직선은 직선 [ ]와 직선 [ ]이고 이 두 직선은 서로 만나지 않습니다.

❷ 서로 만나지 않는 두 직선을 [ ]하다고 합니다.

❸ 평행한 두 직선을 [ ](이)라고 합니다.

2 평행선을 모두 찾아 기호를 써 보세요.

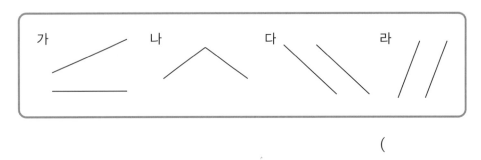

( )

3 서로 평행인 변이 있는 도형을 모두 찾아 기호를 써 보세요.

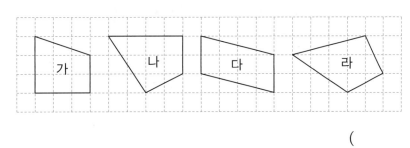

(   )

4 삼각자를 사용하여 직선 **가**와 평행한 직선을 그었습니다. 바르게 그은 것을 찾아 ◯표 하세요.

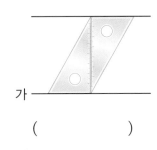

(   )

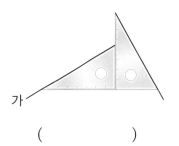

(   )

5 점 ㄱ을 지나고 주어진 직선과 평행한 직선을 그어 보세요.

❶

❷
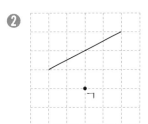

6 평행선에 대하여 바르게 설명한 사람의 이름을 써 보세요.

> 현민: 한 직선과 평행한 직선은 무수히 많아.
>
> 유진: 평행선을 계속 늘이면 언젠가 두 직선은 만나게 돼.
>
> 세훈: 한 점을 지나면서 한 직선과 평행한 직선은 수없이 많아.

(   )

평행선 사이의 거리 알아보기

- 평행선의 한 직선에서 다른 직선에 수직인 선분을 그었을 때, 이 선분의 길이를 평행선 사이의 거리라고 합니다.

평행선 사이의 거리

- 두 평행선 사이의 거리는 항상 같습니다.

1 직선 가와 직선 나는 서로 평행합니다. 그림을 보고 □ 안에 알맞게 써넣으세요.

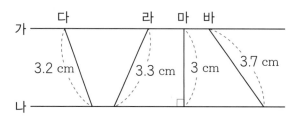

❶ 직선 가와 직선 나 사이에 그은 선분 중 길이가 가장 짧은 선분은 선분 □ 입니다.

❷ 평행선 사이에 그은 길이가 가장 짧은 선분과 직선 가, 나가 만나서 이루는 각도는 □ °입니다.

❸ 평행선 사이의 거리는 □ cm입니다.

2 평행선 사이의 거리를 바르게 나타낸 것을 찾아 써 보세요.

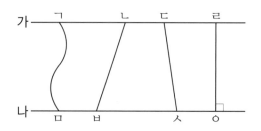

(   )

66

3 평행선 사이의 거리는 몇 cm인지 써 보세요.

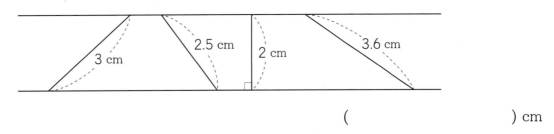

(   ) cm

4 도형에서 평행선 사이의 거리를 구하려면 어느 변의 길이를 재어야 하는지 써 보세요.

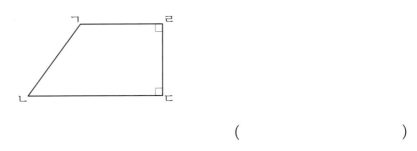

(   )

5 자를 사용하여 평행선 사이의 거리를 재어 보세요.

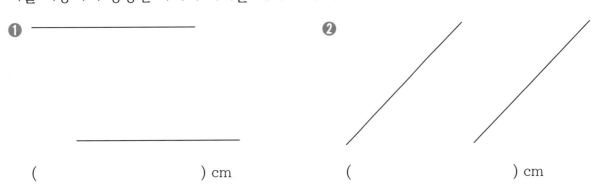

❶   ❷

(   ) cm   (   ) cm

6 직선 가, 직선 나, 직선 다는 서로 평행합니다. 직선 **가**와 직선 **다** 사이의 거리는 몇 cm인지 구해 보세요.

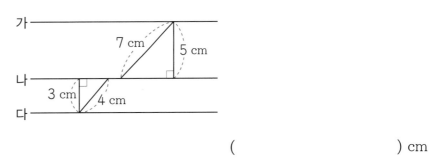

(   ) cm

사다리꼴 알아보기

사다리꼴: 평행한 변이 한 쌍이라도 있는 사각형

1 그림을 보고 □ 안에 알맞은 말을 써넣으세요.

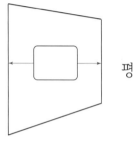

평행한 변이 한 쌍이라도 있는 사각형은 ☐ 입니다.

2 사각형을 보고 알맞은 말에 ◯표 하세요.

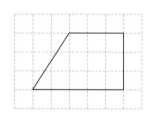

평행한 변이 (있으므로 , 없으므로) 사다리꼴(이) (입니다 , 아닙니다).

3 사다리꼴을 모두 찾아 기호를 써 보세요.

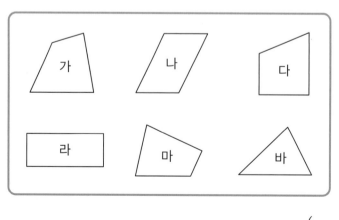

(   )

4 사다리꼴에서 서로 평행한 변을 찾아 ○표 하세요.

❶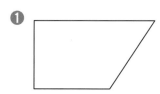

❷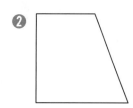

5 주어진 선분을 이용하여 사다리꼴을 각각 완성해 보세요.

6 사다리꼴에 대해 바르게 설명한 사람의 이름을 써 보세요.

> : 마주 보는 한 쌍의 변이 서로 평행해.
> 지운
>
> : 네 변의 길이가 모두 같아.
> 주하

(   )

7 점 종이에서 한 꼭짓점만 옮겨서 사다리꼴을 그려 보세요.

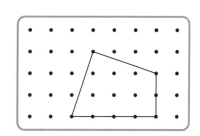

평행사변형 알아보기

평행사변형: 마주 보는 두 쌍의 변이 서로 평행한 사각형

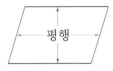

- 마주 보는 두 변의 길이가 같습니다.
- 마주 보는 두 각의 크기가 같습니다.
- 이웃한 두 각의 크기의 합이 180°입니다.

1 그림을 보고 □ 안에 알맞은 말을 써넣으세요.

마주 보는 두 쌍의 변이 서로 평행한 사각형은 □□□□□□ 입니다.

2 평행사변형을 모두 찾아 기호를 써 보세요.

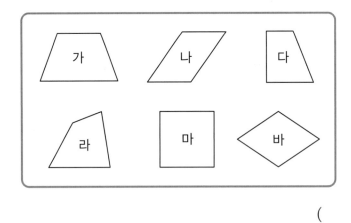

(   )

3 평행사변형을 보고 □ 안에 알맞은 말을 써넣으세요.

- 마주 보는 두 □ 의 길이가 같습니다.

- 마주 보는 두 □ 의 크기가 같습니다.

4 주어진 선분을 이용하여 평행사변형을 각각 완성해 보세요.

5 평행사변형을 보고 □ 안에 알맞은 수를 써넣으세요.

❶

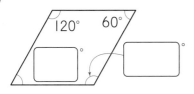

❷

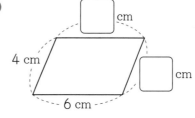

6 평행사변형의 성질을 이용하여 □ 안에 알맞은 수를 써넣으세요.

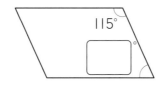

7 도형을 보고 바르게 설명한 사람을 모두 찾아 이름을 써 보세요.

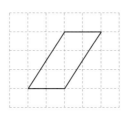

소윤: 평행한 변이 두 쌍이라서 평행사변형이라고 부를 수 있어.

지안: 그림의 사각형은 평행한 변이 두 쌍이라서 사다리꼴이라고 할 수 없어.

원호: 평행한 변이 한 쌍이라도 있으면 사다리꼴이니까 사다리꼴이라고도 할 수 있어.

(   )

마름모 알아보기

마름모: 네 변의 길이가 모두 같은 사각형

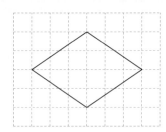

- 마주 보는 두 각의 크기가 같습니다.
- 이웃한 두 각의 크기의 합이 180°입니다.
- 마주 보는 꼭짓점끼리 이은 선분이 서로 수직으로 만나고 이등분합니다.

1 그림을 보고 □ 안에 알맞은 말을 써넣으세요.

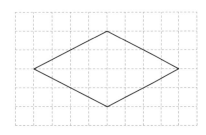

네 변의 길이가 모두 같은 사각형은 [   ]입니다.

2 마름모를 모두 찾아 기호를 써 보세요.

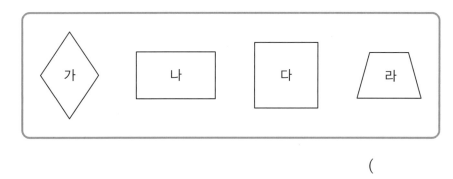

(   )

3 마름모에 대한 설명으로 옳은 것에 ○표, 틀린 것에 ✕표 하세요.

❶ 네 변의 길이가 모두 같습니다. (   )

❷ 네 각의 크기가 모두 같습니다. (   )

❸ 이웃한 두 각의 크기의 합이 180°입니다. (   )

❹ 마주 보는 꼭짓점끼리 이은 선분이 서로 수직으로 만납니다. (   )

4 마름모를 보고 □ 안에 알맞은 수를 써넣으세요.

❶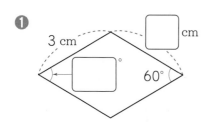

❷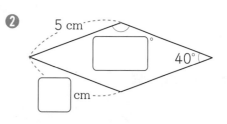

5 다음은 마름모입니다. □ 안에 알맞은 수를 써넣으세요.

❶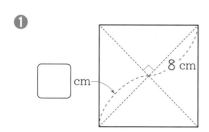

❷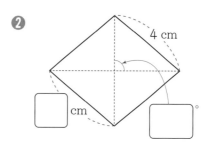

6 점 종이에서 한 꼭짓점만 옮겨서 마름모를 그려 보세요.

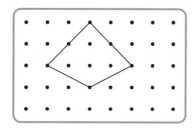

7 마름모의 네 변의 길이의 합은 몇 cm인지 구해 보세요.

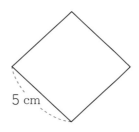

(   ) cm

여러 가지 사각형 알아보기

• 직사각형과 정사각형

공통점	차이점
• 네 각이 모두 직각입니다. • 마주 보는 두 쌍의 변이 서로 평행합니다.	직사각형은 마주 보는 두 변의 길이가 같고, 정사각형은 네 변의 길이가 모두 같습니다.

• 여러 가지 사각형 사이의 관계 알아보기

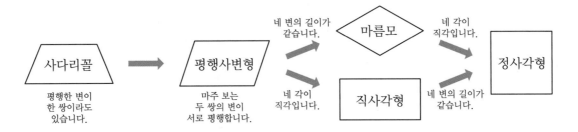

1 사각형을 보고 물음에 답하세요.

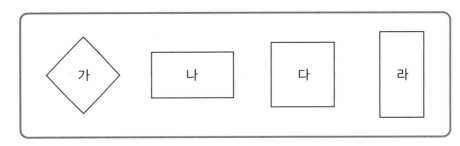

❶ 직사각형을 모두 찾아 기호를 써 보세요.　　　　　　　　(　　　　　　　)

❷ 정사각형을 모두 찾아 기호를 써 보세요.　　　　　　　　(　　　　　　　)

2 다음 내용을 모두 만족하는 도형의 이름을 써 보세요.

> • 마주 보는 두 쌍의 변이 서로 평행합니다.
> • 네 변의 길이가 모두 같습니다.
> • 네 각이 모두 직각입니다.

(　　　　　　　)

3 직사각형 모양의 종이를 점선을 따라 잘랐습니다. 물음에 답하세요.

| 가 | 나 | 다 | 라 | 마 | 바 |

① 사다리꼴을 모두 찾아 기호를 써 보세요.　　　　　　　(　　　　　　　　　　　)

② 평행사변형을 모두 찾아 기호를 써 보세요.　　　　　　(　　　　　　　　　　　)

③ 마름모를 모두 찾아 기호를 써 보세요.　　　　　　　　(　　　　　　　　　　　)

④ 직사각형을 모두 찾아 기호를 써 보세요.　　　　　　　(　　　　　　　　　　　)

⑤ 정사각형을 찾아 기호를 써 보세요.　　　　　　　　　(　　　　　　　　　　　)

4 알맞은 말에 ◯표 하세요.

① 마름모는 평행사변형이라고 할 수 (있습니다 , 없습니다).

② 정사각형은 마름모라고 할 수 (있습니다 , 없습니다).

③ 직사각형은 마름모라고 할 수 (있습니다 , 없습니다).

5 도형의 이름이 될 수 있는 것을 모두 찾아 ◯표 하세요.

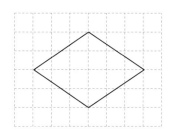

> 사다리꼴　　　평행사변형　　　마름모
> 직사각형　　　정사각형

6 에서 설명하는 도형을 그려 보세요.

> 보기　• 마주 보는 두 쌍의 변이 서로 평행합니다.
> 　　　• 네 각이 모두 직각입니다.

연습 문제

1 서로 수직인 두 직선을 찾아 써 보세요.

❶
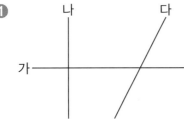

직선 ☐ 와 직선 ☐

❷
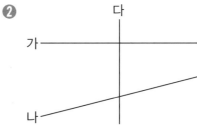

직선 ☐ 와 직선 ☐

2 직선 **가**에 대한 수선을 찾아 써 보세요.

❶
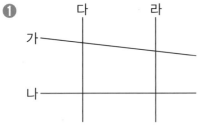

직선 ☐

❷
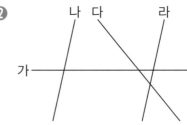

직선 ☐

3 서로 평행한 직선을 찾아 써 보세요.

❶
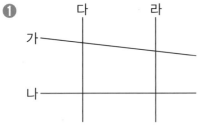

직선 ☐ 와 직선 ☐

❷
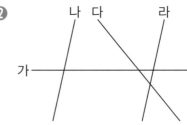

직선 ☐ 와 직선 ☐

4 평행선 사이의 거리를 나타내는 선분을 찾아 기호를 써 보세요.

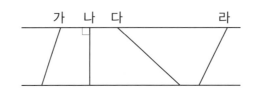

(   )

5 사다리꼴, 평행사변형, 마름모, 직사각형, 정사각형을 1개씩 그려 보세요.

6 다음은 평행사변형입니다. □ 안에 알맞은 수를 써넣으세요.

❶
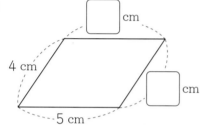

❷
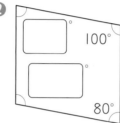

7 다음은 마름모입니다. □ 안에 알맞은 수를 써넣으세요.

❶
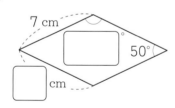

❷
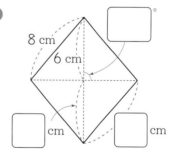

8 □ 안에 알맞은 수를 써넣으세요.

❶
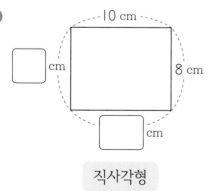

직사각형

❷
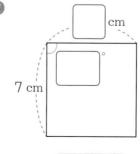

정사각형

단원 평가

1 점 ㄱ을 지나면서 직선 **가**에 수직인 선분을 그으려고 합니다. 점 ㄱ과 연결해야 하는 점은 어느 것인가요?

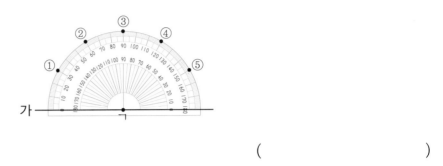

(   )

2 평행한 선분도 있고 수직인 선분도 있는 것을 모두 찾아 써 보세요.

(   )

3 도형에서 평행선 사이의 거리는 몇 cm인지 구해 보세요.

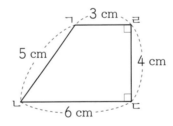

(   ) cm

4 마름모를 모두 찾아 기호를 써 보세요.

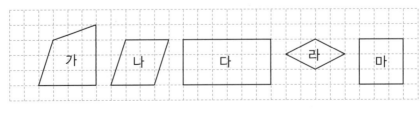

(   )

5 다음은 평행사변형입니다. □ 안에 알맞은 수를 써넣으세요.

❶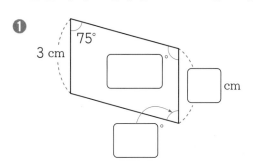

❷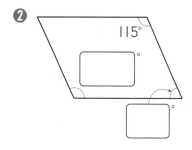

6 직사각형 모양의 종이를 점선을 따라 잘랐습니다. 평행사변형을 찾아 기호를 써 보세요.

(   )

7 길이가 20 cm인 끈을 겹치지 않게 모두 사용하여 마름모 모양 한 개를 만들었습니다. 마름모의 한 변의 길이는 몇 cm인지 구해 보세요.

(   ) cm

8 사각형의 이름으로 알맞은 것을 모두 찾아 기호를 써 보세요.

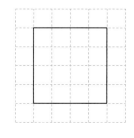

┌─────────────────────────────────┐
│ ㉠ 사다리꼴 　 ㉡ 평행사변형 　 ㉢ 마름모 │
│ ㉣ 직사각형 　 ㉤ 정사각형 │
└─────────────────────────────────┘

(   )

9 직사각형과 정사각형의 같은 점을 정리한 것입니다. □ 안에 알맞은 말을 써넣으세요.

┌─────────────────────────────────┐
│ • 네 각이 모두 [　　　]입니다. │
│ │
│ • 마주 보는 두 쌍의 변이 서로 [　　　]합니다. │
└─────────────────────────────────┘

1 ㉠과 ㉡의 각도의 합을 구해 보세요.

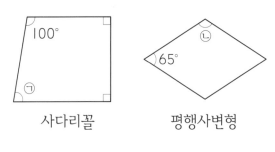

사다리꼴   평행사변형

(   )°

2 평행사변형의 네 변의 길이의 합은 40 cm입니다. 변 ㄱㄴ의 길이는 몇 cm인지 구해 보세요.

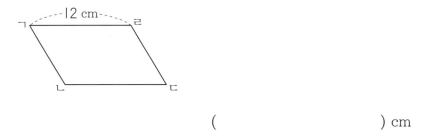

(   ) cm

3 다음은 마름모입니다. □ 안에 알맞은 수를 써넣으세요.

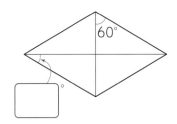

4 직사각형과 정사각형에 대한 설명입니다. 옳지 <u>않은</u> 것을 찾아 기호를 써 보세요.

> ㉠ 직사각형은 평행사변형입니다.
> ㉡ 직사각형은 마름모입니다.
> ㉢ 정사각형은 직사각형입니다.
> ㉣ 정사각형은 사다리꼴입니다.

(   )

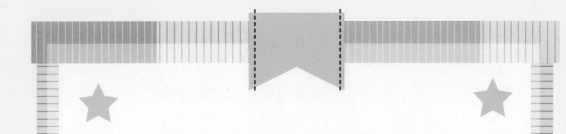

5. 꺾은선그래프

꺾은선그래프 알아보기

꺾은선그래프 : 연속적으로 변화하는 양을 점으로 표시하고 그 점들을 선분으로 이어 그린
그래프

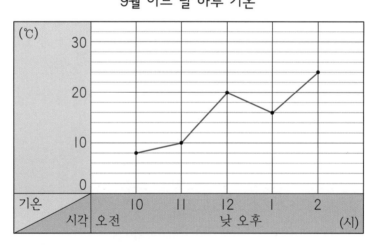

정민이의 몸무게

변화하는 정도를 쉽게
파악할 수 있어요.

[1~2] 어느 도시의 9월 어느 날 하루 기온을 조사하여 나타낸 그래프입니다. 물음에 답하세요.

9월 어느 날 하루 기온

1 위의 그래프와 같이 연속적으로 변화하는 양을 점으로 표시하고, 그 점들을 선분으로 이어 그린
그래프를 무엇이라고 하나요?

(   )

2 꺾은선이 나타내는 것으로 알맞은 말에 ○표 하세요.

(시각 , 기온)의 변화를 나타냅니다.

[3~5] 지율이의 요일별 턱걸이 기록을 조사하여 나타낸 막대그래프와 꺾은선그래프입니다. 두 그래프를 보고 물음에 답하세요.

턱걸이 기록

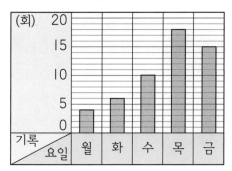

턱걸이 기록

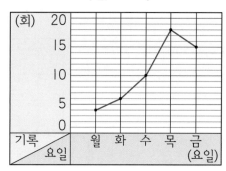

3 두 그래프를 비교하여 □ 안에 알맞게 써넣으세요.

같은 점	• 두 그래프는 요일별 턱걸이 ☐ 을/를 나타냅니다. • 가로는 ☐ , 세로는 ☐ 을/를 나타냅니다. • 세로 눈금 한 칸은 ☐ 회를 나타냅니다.
다른 점	• 막대그래프는 턱걸이 기록을 ☐ (으)로 나타냅니다. • 꺾은선그래프는 턱걸이 기록을 ☐ (으)로 나타냅니다.

4 요일별 턱걸이 기록을 비교하기 쉬운 그래프는 어느 것인가요?

( )

5 요일에 따른 턱걸이 기록의 변화를 알아보기 쉬운 그래프는 어느 것인가요?

( )

6 꺾은선그래프로 나타내기에 알맞은 자료를 모두 찾아 기호를 써 보세요.

┌─────────────────────────────────┐
│ ㉠ 우리 반의 혈액형별 학생 수   │
│ ㉡ 우리 지역의 연도별 인구 변화   │
│ ㉢ 월별 강수량의 변화   │
│ ㉣ 현장 체험 학습을 가고 싶어 하는 장소별 학생 수 │
└─────────────────────────────────┘

( )

꺾은선그래프의 내용 알아보기

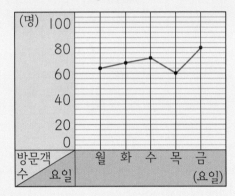

방문객 수

➡ 세로 눈금이 0부터 시작합니다.

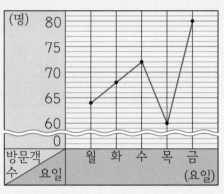

방문객 수

➡ 세로 눈금이 물결선 위로 60부터 시작합니다.

• 꺾은선이 오른쪽 위로 올라가면 값이 늘어난 것이고, 오른쪽 아래로 내려가면 값이 줄어든 것입니다.
• 선의 기울어진 정도가 심할수록 자료의 변화가 심합니다.
• 필요 없는 부분을 물결선으로 나타내면 변화하는 모습을 더 잘 나타낼 수 있습니다.

[1~2] 시각별 운동장의 기온을 조사하여 나타낸 꺾은선그래프입니다. 물음에 답하세요.

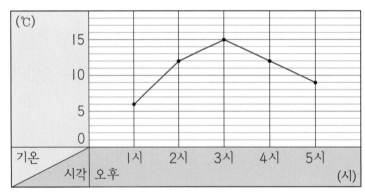

운동장의 기온

1 기온이 가장 낮은 때는 몇 ℃인가요?

(   ) ℃

2 기온이 낮아지기 시작한 시각은 몇 시인가요?

오후 (   )시

[3~7] 어느 가게의 월별 장난감 판매량을 두 꺾은선그래프로 나타내었습니다. 물음에 답하세요.

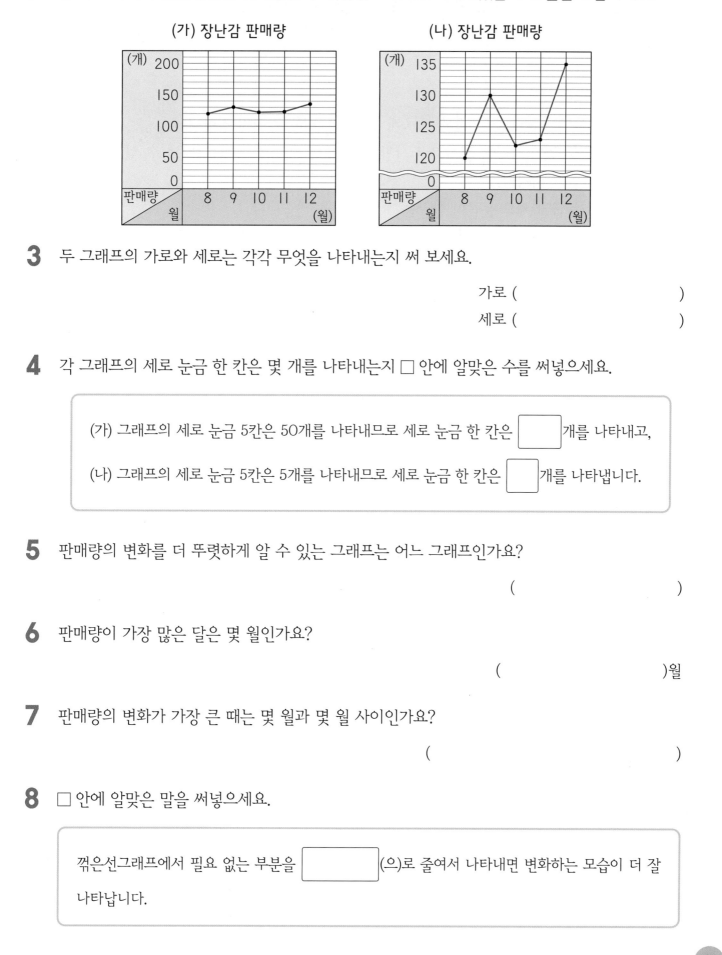

(가) 장난감 판매량

(나) 장난감 판매량

3 두 그래프의 가로와 세로는 각각 무엇을 나타내는지 써 보세요.

가로 (   )

세로 (   )

4 각 그래프의 세로 눈금 한 칸은 몇 개를 나타내는지 □ 안에 알맞은 수를 써넣으세요.

(가) 그래프의 세로 눈금 5칸은 50개를 나타내므로 세로 눈금 한 칸은 [   ]개를 나타내고,

(나) 그래프의 세로 눈금 5칸은 5개를 나타내므로 세로 눈금 한 칸은 [   ]개를 나타냅니다.

5 판매량의 변화를 더 뚜렷하게 알 수 있는 그래프는 어느 그래프인가요?

(   )

6 판매량이 가장 많은 달은 몇 월인가요?

(   )월

7 판매량의 변화가 가장 큰 때는 몇 월과 몇 월 사이인가요?

(   )

8 □ 안에 알맞은 말을 써넣으세요.

꺾은선그래프에서 필요 없는 부분을 [   ](으)로 줄여서 나타내면 변화하는 모습이 더 잘 나타납니다.

꺾은선그래프로 나타내기

• **꺾은선그래프 그리는 방법**

① 표를 보고 그래프의 가로와 세로에 무엇을 나타낼 것인지 정합니다.

② 눈금 한 칸의 크기를 정하고 조사한 수 중에서 가장 큰 수를 나타낼 수 있도록 눈금의 수를 정합니다.

③ 가로 눈금과 세로 눈금이 만나는 자리에 점을 찍습니다.

④ 점들을 선분으로 잇습니다.

⑤ 꺾은선그래프에 알맞은 제목을 붙입니다.

• 꺾은선그래프를 그릴 때 필요 없는 부분은 물결선으로 줄여 나타냅니다.

[1~2] 세미가 키우는 고양이의 무게를 조사하여 나타낸 표를 보고 꺾은선그래프로 나타내려고 합니다. 물음에 답하세요.

고양이의 무게

나이(살)	2	4	6	8	10
무게(kg)	3	5	6	7	10

1 □ 안에 알맞게 써넣으세요.

• 가로에 나이를 나타낸다면 세로에는 [ ]을/를 나타내어야 합니다.

• 세로 눈금 한 칸의 크기를 1 kg으로 하면 세로 눈금은 적어도 [ ]칸까지 있어야 합니다.

2 꺾은선그래프를 완성해 보세요.

고양이의 무게

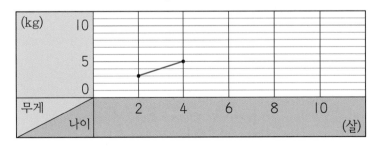

[3~6] 정민이의 몸무게를 월별로 조사하여 나타낸 표입니다. 물음에 답하세요.

정민이의 몸무게

월(월)	8	9	10	11	12
몸무게(kg)	34.9	34.7	35.1	35.4	35.9

3 그래프를 그리는 데 꼭 필요한 부분은 몇 kg부터 몇 kg까지인가요?

(   )

4 세로 눈금 한 칸은 몇 kg을 나타내어야 하나요?

(   ) kg

5 물결선은 몇 kg과 몇 kg 사이에 넣으면 좋은가요?

(   )

6 물결선을 사용한 꺾은선그래프로 나타내어 보세요.

자료를 조사하여 꺾은선그래프로 나타내기

[1~4] 시우네 마을의 아침 최저 기온을 7일마다 조사하여 나타낸 표를 보고 꺾은선그래프로 나타내려고 합니다. 물음에 답하세요.

아침 최저 기온

날짜(일)	1	8	15	22	29
기온(℃)	13	11	9	5	4

1 꺾은선그래프의 가로에 날짜를 나타낸다면 세로에는 무엇을 나타내어야 하나요?

(   )

2 표를 보고 꺾은선그래프로 나타내어 보세요.

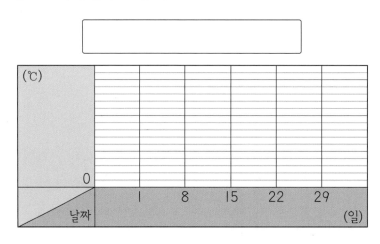

3 꺾은선그래프를 보고 알 수 있는 것을 한 가지 써 보세요.

_____

4 꺾은선그래프의 꺾은선이 변화하는 모습을 보고 다음 달의 아침 기온을 예상해 보세요.

_____

[5~8] 현준이의 100 m 달리기 기록을 조사하여 나타낸 표입니다. 물음에 답하세요.

100 m 달리기 기록

요일(요일)	월	화	수	목	금
기록(초)	17.5	17.3	17.2	17.1	16.7

5 세로 눈금 한 칸은 몇 초로 하는 것이 좋은가요?

( )초

6 그래프를 그리는 데 꼭 필요한 부분은 몇 초부터 몇 초까지인가요?

( )

7 물결선을 사용한 꺾은선그래프로 나타내어 보세요.

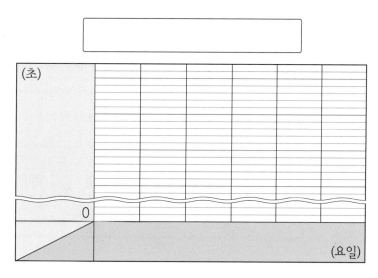

8 기록이 가장 좋아진 때는 무슨 요일과 무슨 요일 사이인가요?

( )

꺾은선그래프 해석하기

[1~4] 별빛초등학교와 하늘초등학교 학생 수를 조사하여 나타낸 꺾은선그래프입니다. 물음에 답하세요.

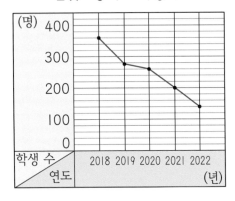

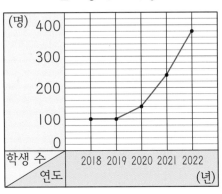

1 2018년 별빛초등학교의 학생 수는 몇 명인가요?

(   )명

2 하늘초등학교에서 전년과 비교하여 학생 수가 가장 많이 늘어난 때는 몇 년인가요?

(   )년

3 별빛초등학교와 하늘초등학교 학생 수는 어떻게 변하고 있는지 알맞은 말에 ○표 하세요.

> 별빛초등학교 학생 수는 (감소 , 증가)하고,
> 하늘초등학교 학생 수는 (감소 , 증가)합니다.

4 2028년에 별빛초등학교와 하늘초등학교 학생 수는 어떻게 될지 바르게 예상한 사람을 찾아 이름을 써 보세요.

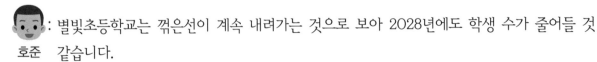

호준 : 별빛초등학교는 꺾은선이 계속 내려가는 것으로 보아 2028년에도 학생 수가 줄어들 것 같습니다.

예지 : 하늘초등학교는 꺾은선이 계속 올라가지만 2028년에는 갑자기 줄어들 것 같습니다.

(   )

[5~7] 동현이와 현우의 몸무게를 조사하여 나타낸 꺾은선그래프입니다. 물음에 답하세요.

동현이와 현우의 몸무게

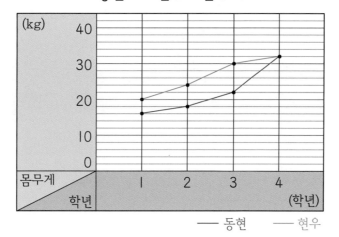

5 동현이와 현우의 몸무게가 가장 많이 변한 때는 각각 몇 학년과 몇 학년 사이인가요?

동현 (   )

현우 (   )

6 동현이와 현우의 몸무게가 같은 때는 몇 학년인가요?

(   )학년

7 두 사람의 몸무게의 차가 가장 큰 때는 몇 학년이고, 몸무게의 차는 몇 kg인가요?

(   ), (   ) kg

8 과자 회사에서 초코과자와 감자칩의 판매량을 조사하여 나타낸 꺾은선그래프입니다. 내년 1월에는 어떤 제품을 더 많이 만들어야 하는지 쓰고, 이유를 설명해 보세요.

과자 판매량

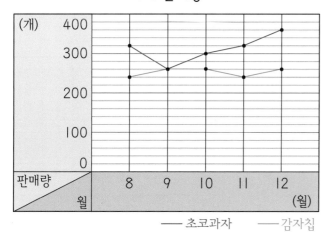

제품 _____

이유 _____

_____

연습 문제

[1~4] 표를 보고 꺾은선그래프를 완성해 보세요.

1 팔굽혀펴기 횟수

요일(요일)	월	화	수	목
횟수(회)	7	15	12	19

팔굽혀펴기 횟수

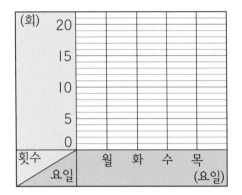

2 쿠키 판매량

요일(요일)	일	월	화	수
쿠키 수(개)	38	12	26	22

쿠키 판매량

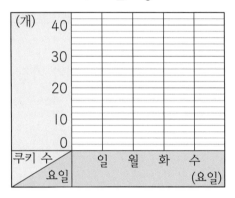

3 수학 점수

월(월)	6	7	8	9
점수(점)	88	92	85	98

수학 점수

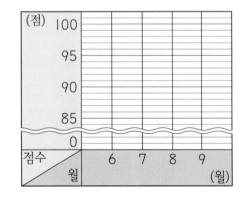

4 입장객 수

요일(요일)	수	목	금	토
입장객 수(명)	80	120	180	210

입장객 수

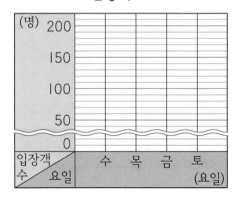

[5~7] 꺾은선그래프를 보고 □ 안에 알맞은 수를 써넣으세요.

5

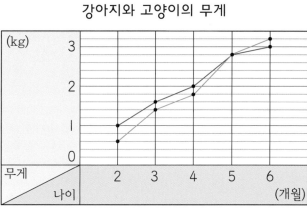

강아지와 고양이의 무게

• 무게가 같은 때는 □ 개월 때입니다.

• 무게의 차가 가장 큰 때는 □ 개월 때입니다.

• □ 개월부터 고양이가 강아지보다 더 무거워 집니다.

6

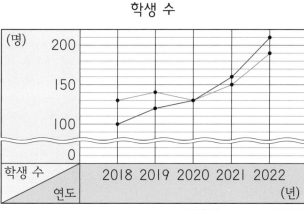

학생 수

• 여학생이 남학생보다 많은 때는 □ 년과 □ 년 사이입니다.

• 남학생 수와 여학생 수의 차가 가장 큰 때는 □ 년이고, 그 차는 □ 명입니다.

7

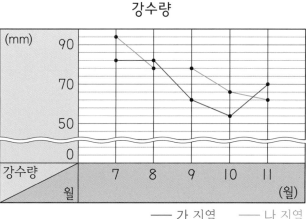

강수량

• 두 지역의 강수량의 차가 가장 큰 때는 □ 월 이고, 그 차는 □ mm입니다.

• 두 지역의 강수량의 차가 가장 작은 때는 □ 월이고, 그 차는 □ mm입니다.

단원 평가

[1~3] 어느 지역의 강수량을 조사하여 나타낸 꺾은선그래프입니다. 물음에 답하세요.

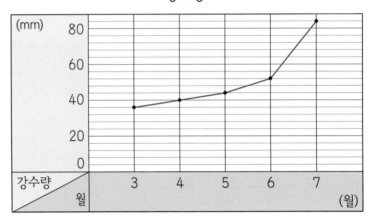

강수량

1 꺾은선그래프의 가로와 세로는 각각 무엇을 나타내는지 써 보세요.

가로 (   ), 세로 (   )

2 세로 눈금 한 칸은 몇 mm를 나타내나요?

(   ) mm

3 강수량이 가장 적은 때는 몇 월인가요?

(   )월

4 지호의 몸무게를 조사하여 두 꺾은선그래프로 나타내었습니다. 두 그래프 중 변화하는 모습이 더 잘 보이는 것을 찾아 기호를 써 보세요.

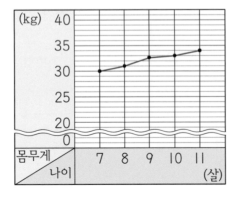

〈가〉 지호의 몸무게

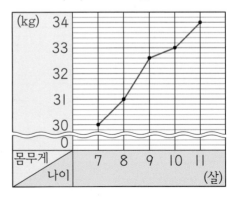

〈나〉 지호의 몸무게

(   )

[5~7] 유성이가 3월에서 7월까지 사용한 용돈과 저축한 금액을 조사하여 표와 꺾은선그래프로 나타내었습니다. 물음에 답하세요.

유성이가 사용한 용돈

월(월)	금액(원)
3월	15000
4월	12000
5월	10000
6월	
7월	

유성이가 사용한 용돈

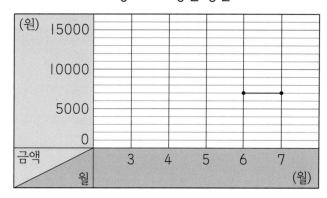

유성이가 저축한 금액

월(월)	금액(원)
3월	
4월	
5월	8000
6월	10000
7월	11000

유성이가 저축한 금액

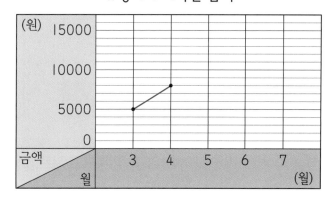

5 표와 꺾은선그래프를 완성해 보세요.

6 용돈을 가장 많이 사용한 달은 몇 월인가요?

(   )월

7 꺾은선그래프를 보고 바르게 해석한 것을 찾아 기호를 써 보세요.

> ㉠ 저축한 금액은 3월에 비해 7월에 6000원 증가했습니다.
> ㉡ 사용한 용돈은 3월부터 7월까지 매달 감소했습니다.
> ㉢ 3월에서 4월 사이에 용돈을 사용한 금액이 가장 많이 늘었습니다.

(   )

실력 키우기

1 사랑초등학교 방과 후 프로그램의 학생 수를 조사하여 나타낸 표입니다. 표를 보고 그래프로 나타낼 때 막대그래프와 꺾은선그래프 중 알맞은 그래프를 선택하여 그려 보세요.

과목별 학생 수

과목	축구	미술	요리	로봇	농구
학생 수(명)	46	32	40	26	24

농구부 학생 수

월(월)	8	9	10	11	12
학생 수(명)	12	20	24	16	24

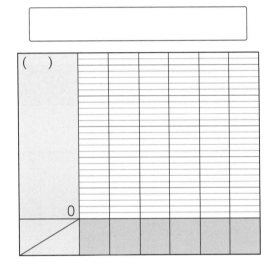

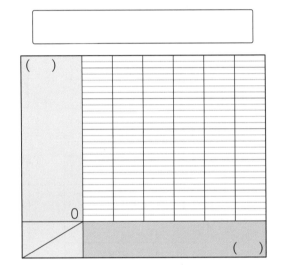

[2~3] 두 식물의 키를 조사하여 나타낸 꺾은선그래프입니다. 물음에 답하세요.

식물 (가)의 키

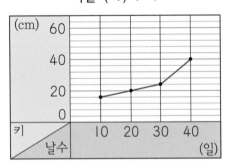

식물 (나)의 키

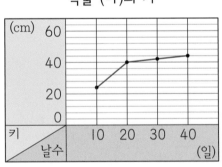

2 처음에는 느리게 자라다가 시간이 지나면서 빠르게 자라는 식물은 어느 것인지 기호를 써 보세요.

(   )

3 50일에는 어떤 식물의 키가 더 커질지 예상하여 보고, 그 이유를 써 보세요.

기호 (   )

이유 _____

6. 다각형

- 다각형 알아보기

- 정다각형 알아보기

- 대각선 알아보기

- 모양 만들기

- 모양 채우기

다각형 알아보기

다각형: 선분으로만 둘러싸인 도형

다각형	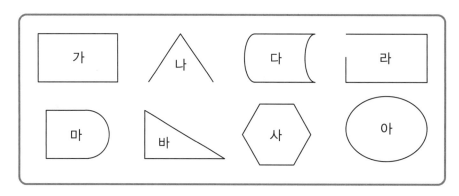			
변의 수(개)	5	6	7	8
이름	오각형	육각형	칠각형	팔각형

1 도형을 보고 물음에 답하세요.

가 나 다 라

마 바 사 아

❶ 빈칸에 알맞은 도형을 찾아 기호를 써 보세요.

선분으로만 둘러싸인 도형	곡선이 포함된 도형	열려 있는 도형

❷ 선분으로만 둘러싸인 도형을 무엇이라고 하는지 써 보세요.

(   )

2 다음 도형이 다각형이 <u>아닌</u> 이유를 써 보세요.

❶

❷

이유 _____

이유 _____

3 □ 안에 알맞은 말을 써넣으세요.

다각형은 변의 수에 따라 변이 4개이면 [　　　　],

변이 5개이면 [　　　　], 변이 6개이면 [　　　　]이라고 부릅니다.

4 오각형을 모두 찾아 기호를 써 보세요.

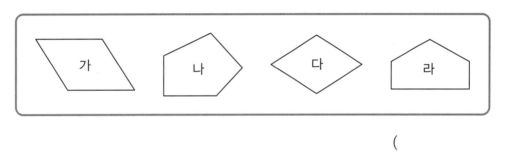

(　　　　　　　　　　　　　)

5 다각형의 이름을 써 보세요.

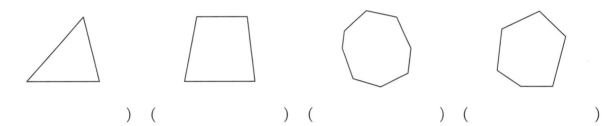

(　　　　　) (　　　　　　) (　　　　　　　) (　　　　　　)

6 점 종이에 다각형을 1개씩 그리고, 표를 완성해 보세요.

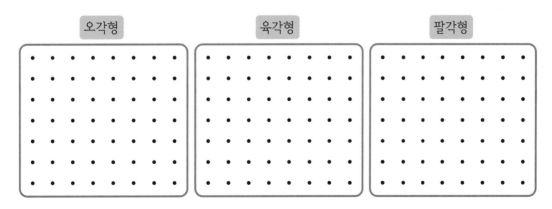

오각형　　　　　　　　육각형　　　　　　　　팔각형

다각형	오각형		
변의 수(개)	5		8
꼭짓점의 수(개)		6	

정다각형 알아보기

정다각형: 변의 길이가 모두 같고, 각의 크기가 모두 같은 다각형

정다각형	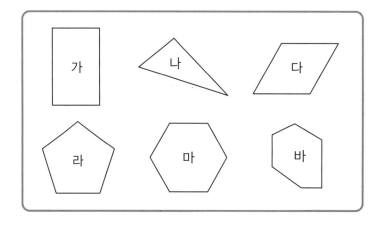			
변의 수(개)	3	4	5	6
이름	정삼각형	정사각형	정오각형	정육각형

1 도형을 보고 물음에 답하세요.

❶ 변의 길이가 모두 같은 도형은 ☐ , ☐ , ☐ 입니다.

❷ 각의 크기가 모두 같은 도형은 ☐ , ☐ , ☐ 입니다.

❸ 변의 길이와 각의 크기가 모두 같은 ☐ , ☐ 을/를 [   ] 이라고 합니다.

2 정다각형을 보고 빈칸에 알맞게 써넣으세요.

정다각형				
변의 수(개)				
도형의 이름				

3 다음은 정다각형입니다. □ 안에 알맞은 수를 써넣으세요.

❶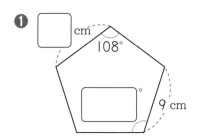

❷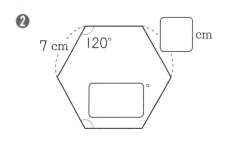

4 도형을 보고 바르게 말한 친구를 찾아 이름을 써 보세요.

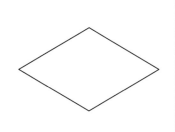

찬민 : 이 도형은 네 변의 길이가 모두 같아. 그래서 정사각형이라고 할 수 있어.

별이 : 이 도형은 네 각의 크기가 모두 같지 않아서 정사각형이 아니야.

(   )

5 동물원에 한 변이 5 m인 정팔각형 모양의 울타리를 만들었습니다. 울타리의 전체 길이는 몇 m 인지 구해 보세요.

5 m

(   ) m

6 주어진 선분을 이용하여 정삼각형과 정육각형을 각각 그려 보세요.

정삼각형	정육각형

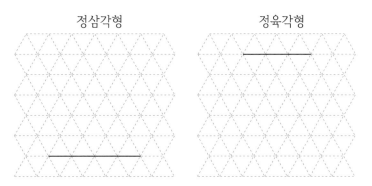

대각선 알아보기

대각선: 다각형에서 선분 ㄱㄷ, 선분 ㄴㄹ과 같이 서로 이웃하지 않
는 두 꼭짓점을 이은 선분

대각선

1 도형에 대각선을 바르게 나타낸 것을 찾아 ○표 하세요.

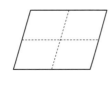

(   )   (   )   (   )

2 대각선을 모두 찾아 써 보세요.

선분 [   ], 선분 [   ], 선분 [   ]

3 다각형에 대각선을 모두 긋고, 대각선의 수를 써 보세요.

삼각형	사각형	오각형	육각형
![삼각형] 0개	![사각형] ( )개	![오각형] ( )개	![육각형] ( )개

4 그림을 보고 물음에 답하세요.

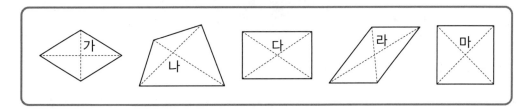

❶ 두 대각선의 길이가 같은 사각형을 모두 찾아 기호를 써 보세요.

(   )

❷ 두 대각선이 서로 수직으로 만나는 사각형을 모두 찾아 기호를 써 보세요.

(   )

5 설명하는 도형에 그을 수 있는 대각선은 모두 몇 개인지 구해 보세요.

> • 선분으로만 둘러싸인 도형입니다.
> • 변이 6개입니다.

(   )개

6 평행사변형 ㄱㄴㄷㄹ에서 두 대각선의 길이의 합은 몇 cm인지 구해 보세요.

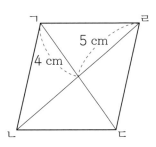

(   ) cm

7 두 도형에 그을 수 있는 대각선 수의 합을 구해 보세요.

(   )개

모양 만들기

1 모양 조각을 보고 물음에 답하세요.

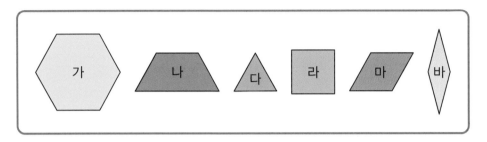

❶ 모양 조각의 이름을 알아보며 기호를 써 보세요.

정육각형	사다리꼴	정삼각형	정사각형	마름모

❷ 모양 조각을 도형에 따라 분류하며 기호를 써 보세요.

삼각형	사각형	육각형

2 한 가지 모양 조각을 사용하여 꾸민 모습입니다. 모양을 채우고 있는 모양 조각의 이름을 찾아 ○표 하세요.

 ❶

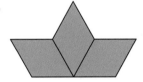

(삼각형 , 사각형)

❷

(삼각형 , 사각형)

3 모양을 만드는 데 사용한 다각형의 이름을 모두 찾아 ○표 하세요.

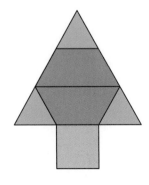

정삼각형	정사각형	사다리꼴
마름모	오각형	정육각형

4 다음 모양을 만드는 데 사용한 다각형의 수를 세어 보세요.

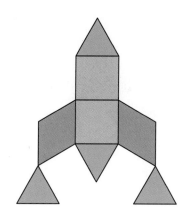

정삼각형	정사각형	평행사변형

5 오른쪽 모양을 만들려면 왼쪽 모양 조각은 모두 몇 개 필요한지 구해 보세요.

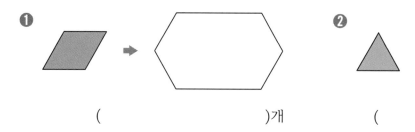

❶ (   )개   ❷ (   )개

6 2가지 모양 조각을 모두 사용하여 주어진 다각형을 만들어 보세요.

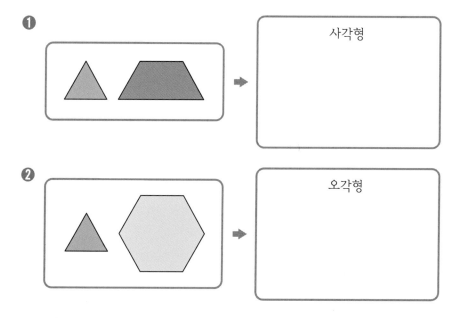

❶   사각형

❷   오각형

모양 채우기

1 모양 조각을 사용하여 다각형을 채웠습니다. 다각형을 채우고 있는 모양 조각의 이름을 써 보세요.

❶ (   )   ❷ (   )

2 모양을 채운 방법을 옳게 설명한 것의 기호를 찾아 써 보세요.

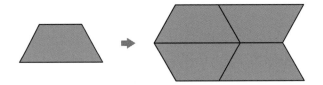

> ㉠ 서로 겹치게 붙였습니다.
>
> ㉡ 길이가 다른 변끼리 이어 붙였습니다.
>
> ㉢ 하나의 모양 조각을 뒤집어 가며 이어 붙였습니다.

(   )

3 왼쪽 모양 조각을 모두 사용하여 오른쪽 모양을 채워 보세요. (단, 같은 모양 조각을 여러 번 사용할 수 있습니다.)

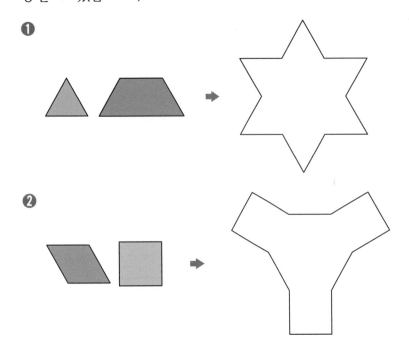

4 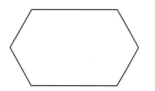 모양 조각만으로 아래 도형을 채우려면 모양 조각이 몇 개 필요한지 구해 보세요.

(   )개

5 보기 의 모양 조각을 여러 번 사용하여 다음 모양을 채워 보세요.

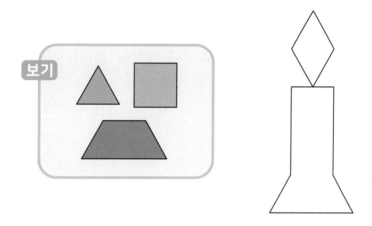

6 주어진 모양 조각을 사용하여 서로 다른 방법으로 사다리꼴을 채워 보세요. (단, 같은 모양 조각을 여러 번 사용할 수 있습니다.)

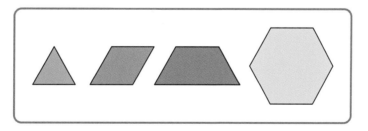

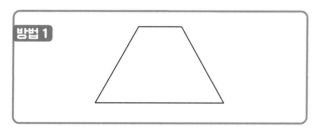

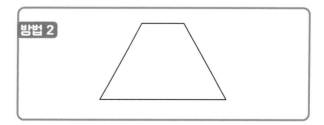

연습 문제

1 다각형의 이름을 써 보세요.

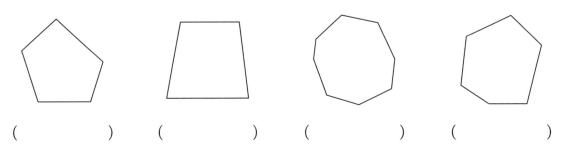

(   )   (   )   (   )   (   )

2 변의 길이가 모두 같고 각의 크기가 모두 같은 다각형입니다. 이름을 써 보세요.

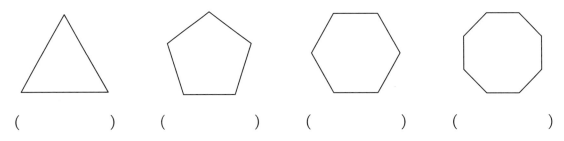

(   )   (   )   (   )   (   )

3 다음은 정다각형입니다. □ 안에 알맞은 수를 써넣으세요.

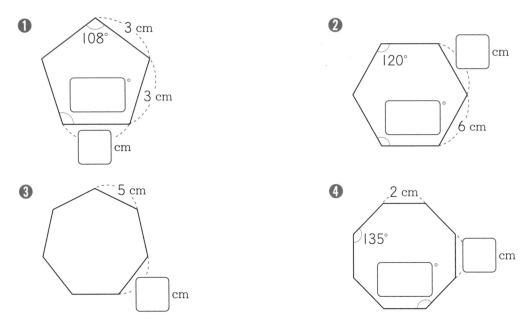

4 다각형에 대각선을 모두 그어 보고 몇 개인지 써 보세요.

❶

(   )개

❷

(   )개

❸

(   )개

❹

(   )개

[5~7] 주어진 모양 조각을 사용하여 정육각형을 채우려고 합니다. 물음에 답하세요.

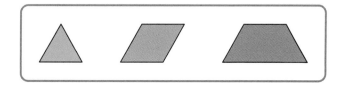

5 모양 조각 한 가지만을 사용하여 정육각형을 채워 보세요.

가 조각만 사용하기   나 조각만 사용하기   다 조각만 사용하기

6 모양 조각 두 가지를 사용하여 정육
각형을 채워 보세요.

7 모양 조각 세 가지를 사용하여 정육
각형을 채워 보세요.

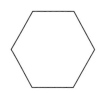

1 도형을 보고 다각형이면 ○표, 다각형이 <u>아니면</u> ✕표 하세요.

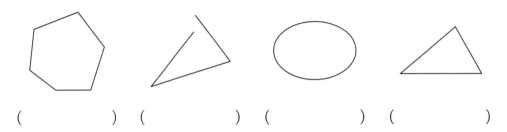

(　　　　) (　　　　) (　　　　) (　　　　)

2 도형을 보고 물음에 답하세요.

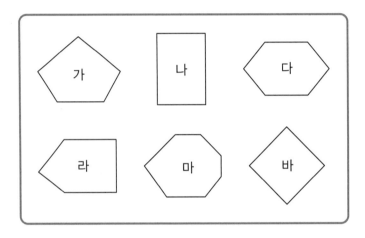

❶ 사각형을 모두 찾아 기호를 써 보세요.

(　　　　　　　　　)

❷ 오각형은 칠각형보다 몇 개 더 많은지 구해 보세요.

(　　　　　　　　　)개

3 다음은 정다각형입니다. 표의 빈칸을 알맞게 채워 넣으세요.

정다각형	3 cm	108° / 2 cm
이름		
모든 변의 길이의 합(cm)		
모든 각의 크기의 합(°)		

4 대각선을 그리고 대각선의 수가 많은 순서대로 기호를 써 보세요.

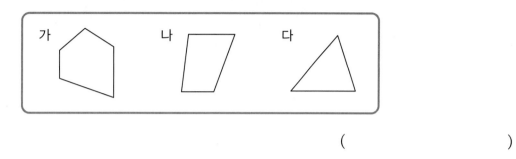

(   )

[5~6] 다각형을 보고 물음에 답하세요.

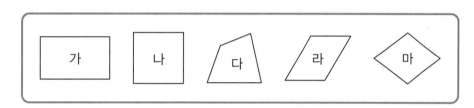

5 두 대각선의 길이가 같은 사각형을 모두 찾아 기호를 써 보세요.

(   )

6 두 대각선이 서로 수직으로 만나는 사각형을 모두 찾아 기호를 써 보세요.

(   )

7 왼쪽 모양 조각을 몇 개 사용해야 마름모를 채울 수 있는지 구해 보세요.

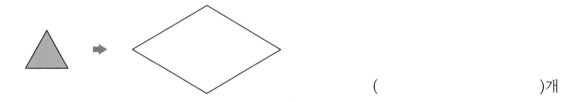

(   )개

8 주어진 모양 조각을 사용하여 서로 다른 방법으로 평행사변형을 채워 보세요. (단, 같은 모양 조각을 여러 번 사용할 수 있습니다.)

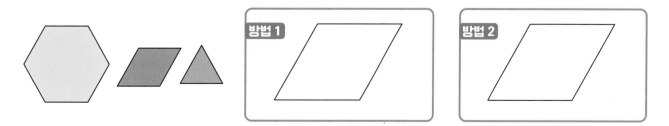

실력 키우기

1 한 변이 8 cm이고, 모든 변의 길이의 합이 64 cm인 정다각형의 이름은 무엇인지 써 보세요.

(   )

2 정삼각형과 정오각형의 모든 변의 길이의 합이 같을 때, 정오각형의 한 변은 몇 cm인지 풀이 과정을 쓰고 답을 구해 보세요.

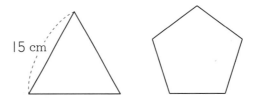

15 cm

[풀이] _____

_____

[답] _____ cm

3 어떤 다각형의 한 꼭짓점에서 그을 수 있는 대각선의 수가 6개입니다. 이 다각형의 대각선은 모두 몇 개인지 풀이 과정을 쓰고 답을 구해 보세요.

[풀이] _____

_____

[답] _____ 개

4 오른쪽 도형의 모든 각의 크기의 합은 몇 도인지 구해 보세요.

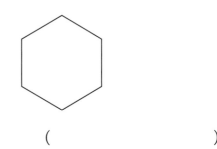

(   )°

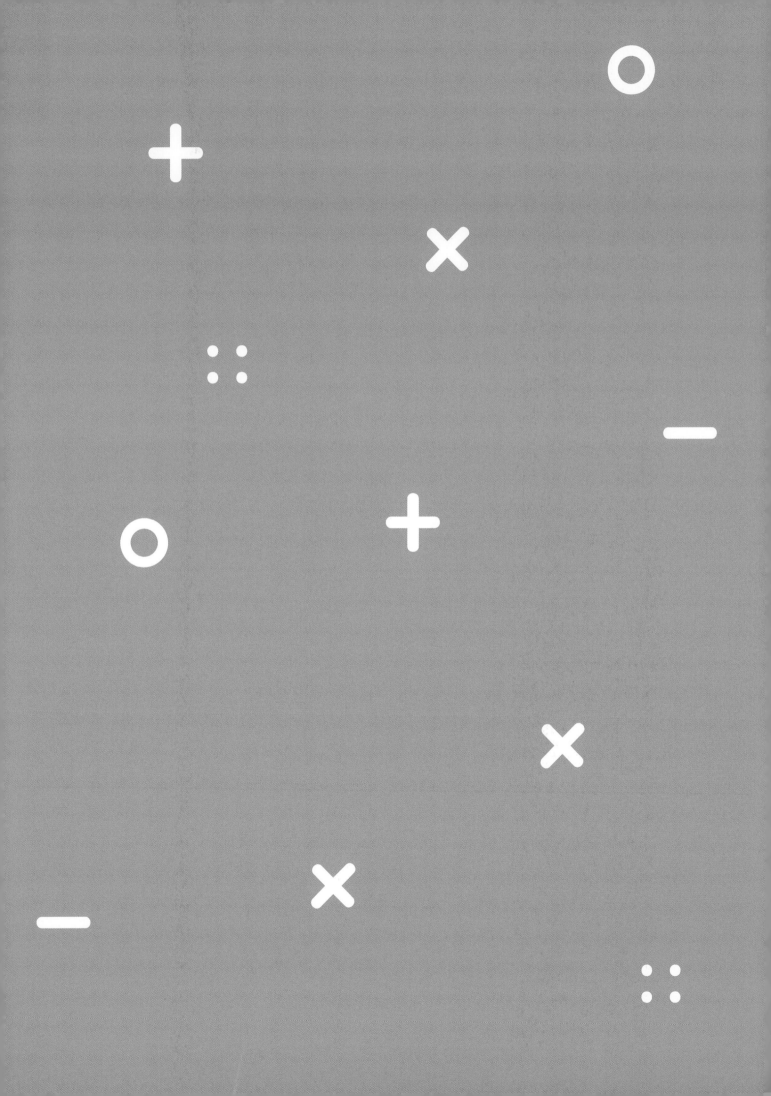

정답과 풀이

느린 학습자도
체때 체대로!

제제
수학

4-2

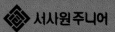
서사원주니어

1. 분수의 덧셈과 뺄셈

(진분수)+(진분수)

분모는 그대로 쓰고 분자끼리 더합니다.

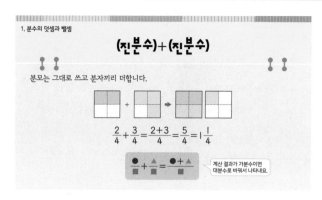

$$\frac{2}{4}+\frac{3}{4}=\frac{2+3}{4}=\frac{5}{4}=1\frac{1}{4}$$

$\dfrac{●}{■}+\dfrac{▲}{■}=\dfrac{●+▲}{■}$ 계산 결과가 가분수이면 대분수로 바꿔서 나타내요.

1 그림을 보고 분수의 합을 구해 보세요.

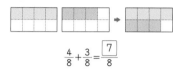

$$\frac{4}{8}+\frac{3}{8}=\boxed{\frac{7}{8}}$$

2 $\frac{4}{5}+\frac{2}{5}$를 그림으로 나타내어 얼마인지 알아보세요.

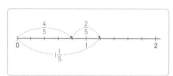

$$\frac{4}{5}+\frac{2}{5}=\frac{\boxed{4}+\boxed{2}}{5}=\frac{\boxed{6}}{5}=1\frac{\boxed{1}}{5}$$

▶ 〈그림〉에서 작은 눈금 한 칸은 $\frac{1}{5}$을 나타냅니다.

3 □ 안에 알맞은 수를 써넣으세요.

$\frac{4}{6}$는 $\frac{1}{6}$이 $\boxed{4}$개, $\frac{5}{6}$는 $\frac{1}{6}$이 $\boxed{5}$개이므로 $\frac{4}{6}+\frac{5}{6}$는 $\frac{1}{6}$이 $\boxed{9}$개입니다.

$$\Rightarrow \frac{4}{6}+\frac{5}{6}=\frac{\boxed{4+5}}{6}=\frac{\boxed{9}}{6}=1\frac{\boxed{3}}{6}$$

4 계산해 보세요.

❶ $\frac{5}{7}+\frac{1}{7}=\frac{5+1}{7}=\frac{6}{7}$

❷ $\frac{4}{9}+\frac{3}{9}=\frac{4+3}{9}=\frac{7}{9}$

❸ $\frac{5}{8}+\frac{7}{8}=\frac{5+7}{8}=\frac{12}{8}=1\frac{4}{8}$

❹ $\frac{8}{10}+\frac{5}{10}=\frac{8+5}{10}=\frac{13}{10}=1\frac{3}{10}$

5 계산 결과가 가장 큰 것을 찾아 기호를 써 보세요.

㉠ $\frac{5}{12}+\frac{8}{12}$ ㉡ $\frac{1}{12}+\frac{11}{12}$ ㉢ $\frac{3}{12}+\frac{7}{12}$

(㉠)

▶ ㉠ $\frac{13}{12}$, ㉡ $\frac{12}{12}$, ㉢ $\frac{10}{12}$이므로 ㉠이 가장 큽니다.

6 지유는 주스를 어제는 $\frac{7}{15}$ L, 오늘은 $\frac{6}{15}$ L 마셨습니다. 어제와 오늘 마신 주스는 모두 몇 L인지 식을 쓰고 답을 구해 보세요.

식 $\frac{7}{15}+\frac{6}{15}=\frac{13}{15}$ 답 $\frac{13}{15}$ L

1. 분수의 덧셈과 뺄셈

(진분수)−(진분수), 1−(진분수)

• (진분수)−(진분수)

분모는 그대로 쓰고 분자끼리 뺍니다.

$$\frac{5}{9}-\frac{3}{9}=\frac{5-3}{9}=\frac{2}{9}$$

• 1−(진분수)

1을 가분수로 바꾼 후 분모는 그대로 쓰고 분자끼리 뺍니다.

$$1-\frac{1}{4}=\frac{4}{4}-\frac{1}{4}=\frac{4-1}{4}=\frac{3}{4}$$

$\dfrac{▲}{■}-\dfrac{●}{■}=\dfrac{▲-●}{■}$

1 그림을 보고 □ 안에 알맞은 수를 써넣으세요.

❶ $\frac{4}{5}-\frac{\boxed{2}}{5}=\frac{\boxed{2}}{5}$

❷ $1-\frac{5}{8}=\frac{\boxed{8}}{8}-\frac{5}{8}=\frac{\boxed{3}}{8}$

2 그림을 이용하여 $\frac{5}{7}-\frac{3}{7}$이 얼마인지 알아보려고 합니다. □ 안에 알맞은 수를 써넣으세요.

$$\frac{5}{7}-\frac{3}{7}=\frac{\boxed{5-3}}{7}=\frac{\boxed{2}}{7}$$

3 □ 안에 알맞은 수를 써넣으세요.

$\frac{9}{10}$는 $\frac{1}{10}$이 $\boxed{9}$개, $\frac{6}{10}$은 $\frac{1}{10}$이 $\boxed{6}$개이므로 $\frac{9}{10}-\frac{6}{10}$은 $\frac{1}{10}$이 $\boxed{3}$개입니다.

$$\Rightarrow \frac{9}{10}-\frac{6}{10}=\frac{\boxed{9-6}}{10}=\frac{\boxed{3}}{10}$$

4 계산해 보세요.

❶ $\frac{11}{12}-\frac{3}{12}=\frac{11-3}{12}=\frac{8}{12}$

❷ $\frac{8}{11}-\frac{4}{11}=\frac{8-4}{11}=\frac{4}{11}$

❸ $1-\frac{5}{6}=\frac{6}{6}-\frac{5}{6}=\frac{6-5}{6}=\frac{1}{6}$

❹ $1-\frac{8}{14}=\frac{14}{14}-\frac{8}{14}=\frac{14-8}{14}=\frac{6}{14}$

5 □ 안에 들어갈 수 있는 수 중 가장 큰 자연수를 구해 보세요.

$$\frac{8}{9}-\frac{□}{9}>\frac{5}{9}$$

(2)

▶ $\frac{8-□}{9}>\frac{5}{9}$이므로 8−□>5입니다.

따라서 □ 안에 들어갈 수 있는 가장 큰 자연수는 2입니다.

6 우유가 1 L 있습니다. 그중에서 미정이가 $\frac{2}{5}$ L 마셨습니다. 남아 있는 우유는 몇 L인지 식을 쓰고 답을 구해 보세요.

식 $1-\frac{2}{5}=\frac{3}{5}$ 답 $\frac{3}{5}$ L

1. 분수의 덧셈과 뺄셈

(대분수)+(대분수)

• 받아올림이 없는 (대분수)+(대분수)

자연수 부분끼리 더하고 분수 부분끼리 더합니다.

$$1\frac{1}{5}+2\frac{3}{5}=(1+2)+\left(\frac{1}{5}+\frac{3}{5}\right)=3\frac{4}{5}$$

• 받아올림이 있는 (대분수)+(대분수)

방법1 자연수 부분끼리 더하고 분수 부분끼리 더한 후 분수 부분을 더한 결과가 가분수이면 대분수로 바꿉니다.

$$2\frac{3}{4}+1\frac{2}{4}=(2+1)+\left(\frac{3}{4}+\frac{2}{4}\right)=3+\frac{5}{4}=3+1\frac{1}{4}=4\frac{1}{4}$$

방법2 대분수를 가분수로 바꾸어 분모는 그대로 쓰고 분자끼리 더한 후 대분수로 바꿉니다.

$$2\frac{3}{4}+1\frac{2}{4}=\frac{11}{4}+\frac{6}{4}=\frac{17}{4}=4\frac{1}{4}$$

1 그림을 보고 □ 안에 알맞은 수를 써넣으세요.

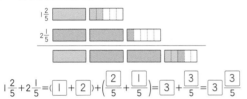

$$1\frac{2}{5}+2\frac{1}{5}=(\boxed{1}+\boxed{2})+\left(\frac{\boxed{2}}{5}+\frac{\boxed{1}}{5}\right)=\boxed{3}+\frac{\boxed{3}}{5}=3\frac{\boxed{3}}{5}$$

2 보기 와 같이 계산해 보세요.

보기 $$2\frac{2}{3}+1\frac{2}{3}=\frac{8}{3}+\frac{5}{3}=\frac{13}{3}=4\frac{1}{3}$$

$$2\frac{3}{7}+2\frac{1}{7}=\frac{17}{7}+\frac{15}{7}=\frac{32}{7}=4\frac{4}{7}$$

3 계산해 보세요.

❶ $4\frac{2}{8}+1\frac{1}{8}=(4+1)+\left(\frac{2}{8}+\frac{1}{8}\right)=5\frac{3}{8}$
❷ $2\frac{3}{6}+3\frac{2}{6}=(2+3)+\left(\frac{3}{6}+\frac{2}{6}\right)=5\frac{5}{6}$

❸ $5\frac{2}{9}+3\frac{8}{9}=(5+3)+\left(\frac{2}{9}+\frac{8}{9}\right)$
$=8+\frac{10}{9}=9\frac{1}{9}$
❹ $2\frac{6}{11}+3\frac{8}{11}=(2+3)+\left(\frac{6}{11}+\frac{8}{11}\right)$
$=5+\frac{14}{11}=6\frac{3}{11}$

4 크기를 비교하여 ○ 안에 >, =, <를 알맞게 써넣으세요.

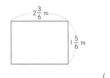

$$1\frac{7}{9}+1\frac{5}{9} \quad > \quad 3\frac{2}{9}$$

▶ $1\frac{7}{9}+1\frac{5}{9}=(1+1)+\left(\frac{7}{9}+\frac{5}{9}\right)=2+\frac{12}{9}=3\frac{3}{9}$

5 직사각형의 가로와 세로의 합은 몇 m인지 구해 보세요.

($4\frac{2}{6}$) m

▶ $2\frac{3}{6}+1\frac{5}{6}=3+\frac{8}{6}=4\frac{2}{6}$ (m)

6 딸기를 지윤이는 $1\frac{8}{13}$ kg을 먹고, 동생은 $1\frac{9}{13}$ kg을 먹었습니다. 지윤이와 동생이 먹은 딸기는 모두 몇 kg인지 구해 보세요.

($3\frac{4}{13}$) kg

▶ $1\frac{8}{13}+1\frac{9}{13}=2+\frac{17}{13}=3\frac{4}{13}$ (kg)

---

1. 분수의 덧셈과 뺄셈

받아내림이 없는 (대분수)−(대분수)

방법1 자연수 부분끼리 빼고 분수 부분끼리 뺍니다.

$$4\frac{4}{5}-1\frac{2}{5}=(4-1)+\left(\frac{4}{5}-\frac{2}{5}\right)=3+\frac{2}{5}=3\frac{2}{5}$$

방법2 대분수를 가분수로 바꾸어 분모는 그대로 쓰고 분자끼리 뺀 후 가분수이면 대분수로 바꿉니다.

$$4\frac{4}{5}-1\frac{2}{5}=\frac{24}{5}-\frac{7}{5}=\frac{17}{5}=3\frac{2}{5}$$

1 그림을 보고 □ 안에 알맞은 수를 써넣으세요.

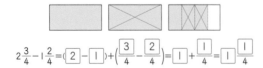

$$2\frac{3}{4}-1\frac{2}{4}=(\boxed{2}-\boxed{1})+\left(\frac{\boxed{3}}{4}-\frac{\boxed{2}}{4}\right)=\boxed{1}+\frac{\boxed{1}}{4}=1\frac{\boxed{1}}{4}$$

2 수직선을 보고 □ 안에 알맞은 수를 써넣으세요.

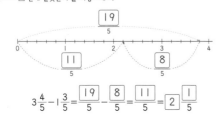

$$3\frac{4}{5}-1\frac{3}{5}=\frac{\boxed{19}}{5}-\frac{\boxed{8}}{5}=\frac{\boxed{11}}{5}=\boxed{2}\frac{\boxed{1}}{5}$$

3 분수의 뺄셈을 두 가지 방법으로 계산하려고 합니다. □ 안에 알맞은 수를 써넣으세요.

❶ 자연수 부분과 분수 부분으로 나누어 계산하기

$$5\frac{4}{7}-4\frac{1}{7}=(5-\boxed{4})+\left(\frac{\boxed{4}}{7}-\frac{\boxed{1}}{7}\right)=\boxed{1}+\frac{\boxed{3}}{7}=\boxed{1}\frac{\boxed{3}}{7}$$

❷ 가분수로 바꾸어 계산하기

$$5\frac{4}{7}-4\frac{1}{7}=\frac{\boxed{39}}{7}-\frac{\boxed{29}}{7}=\frac{\boxed{39}-\boxed{29}}{7}=\frac{\boxed{10}}{7}=\boxed{1}\frac{\boxed{3}}{7}$$

4 계산해 보세요.

❶ $4\frac{7}{9}-2\frac{3}{9}=2\frac{4}{9}$
❷ $8\frac{5}{8}-6\frac{2}{8}=2\frac{3}{8}$

5 가장 큰 분수와 가장 작은 분수의 차를 구하는 식을 쓰고 답을 구해 보세요.

$$1\frac{5}{12} \qquad 3\frac{2}{12} \qquad 1\frac{1}{12} \qquad 2\frac{2}{12}$$

식 $3\frac{2}{12}-1\frac{1}{12}=2\frac{1}{12}$ 답 $2\frac{1}{12}$

6 그림을 보고 집에서 도서관까지의 거리는 몇 km인지 구해 보세요.

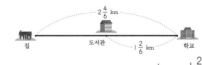

($1\frac{2}{6}$) km

▶ $2\frac{4}{6}-1\frac{2}{6}=1\frac{2}{6}$ (km)

1. 분수의 덧셈과 뺄셈

(자연수)−(대분수)

방법1 자연수에서 1을 가분수로 바꾸어 자연수 부분끼리 빼고 분수 부분끼리 뺍니다.

$$3-1\frac{2}{3}=2\frac{3}{3}-1\frac{2}{3}=1\frac{1}{3}$$

방법2 자연수와 대분수를 가분수로 바꾸어 분모는 그대로 쓰고 분자끼리 뺀 후 가분수이면 대분수로 바꿉니다.

$$3-1\frac{2}{3}=\frac{9}{3}-\frac{5}{3}=\frac{4}{3}=1\frac{1}{3}$$

1 $3-1\frac{1}{5}$ 을 계산하려고 합니다. 그림을 보고 □ 안에 알맞은 수를 써넣으세요.

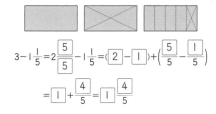

$$3-1\frac{1}{5}=2\boxed{\frac{5}{5}}-1\frac{1}{5}=\left(\boxed{2}-\boxed{1}\right)+\left(\boxed{\frac{5}{5}}-\boxed{\frac{1}{5}}\right)$$

$$=\boxed{1}+\boxed{\frac{4}{5}}=\boxed{1}\boxed{\frac{4}{5}}$$

2 □ 안에 알맞은 수를 써넣으세요.

5는 $\frac{1}{4}$ 이 $\boxed{20}$ 개, $3\frac{3}{4}$ 은 $\frac{1}{4}$ 이 $\boxed{15}$ 개이므로 $5-3\frac{3}{4}$ 은 $\frac{1}{4}$ 이 $\boxed{5}$ 개입니다.

➡ $5-3\frac{3}{4}=\frac{\boxed{20}}{4}-\frac{\boxed{15}}{4}=\frac{\boxed{5}}{4}=\boxed{1}\boxed{\frac{1}{4}}$

3 분수의 뺄셈을 두 가지 방법으로 계산하려고 합니다. □ 안에 알맞은 수를 써넣으세요.

❶ 자연수에서 1을 가분수로 바꾸어 계산하기

$$8-5\frac{1}{2}=7\boxed{\frac{2}{2}}-5\frac{1}{2}=\boxed{2}\boxed{\frac{1}{2}}$$

❷ 가분수로 바꾸어 계산하기

$$8-5\frac{1}{2}=\frac{\boxed{16}}{2}-\frac{\boxed{11}}{2}=\frac{\boxed{5}}{2}=\boxed{2}\boxed{\frac{1}{2}}$$

4 계산해 보세요.

❶ $4-1\frac{3}{4}=3\frac{4}{4}-1\frac{3}{4}=2\frac{1}{4}$

❷ $7-2\frac{5}{9}=6\frac{9}{9}-2\frac{5}{9}=4\frac{4}{9}$

5 계산 결과를 비교하여 ○ 안에 >, =, <를 알맞게 써넣으세요.

$$\boxed{6-3\frac{4}{8}} \;\;\bigcirc\!\!\!>\!\!\!\bigcirc\;\; \boxed{8-5\frac{7}{8}}$$

$6-3\frac{4}{8}=5\frac{8}{8}-3\frac{4}{8}=2\frac{4}{8}$ 　$8-5\frac{7}{8}=7\frac{8}{8}-5\frac{7}{8}=2\frac{1}{8}$

6 냉장고에 1 L짜리 우유가 3병 있었는데 어제 $1\frac{4}{10}$ L를 마셨고, 오늘 $1\frac{1}{10}$ L를 마셨습니다. 냉장고에 남은 우유는 몇 L인지 구해 보세요.

▶ 마신 우유는 모두 $1\frac{4}{10}+1\frac{1}{10}=2\frac{5}{10}$ (L)입니다. 　($\frac{5}{10}$) L

남은 우유는 $3-2\frac{5}{10}=2\frac{10}{10}-2\frac{5}{10}=\frac{5}{10}$ (L)입니다.

---

1. 분수의 덧셈과 뺄셈

받아내림이 있는 (대분수)−(대분수)

방법1 빼지는 수의 자연수에서 1만큼을 가분수로 바꾸어 자연수 부분끼리 빼고 분수 부분끼리 뺍니다.

$$3\frac{1}{4}-1\frac{3}{4}=2\frac{5}{4}-1\frac{3}{4}=1\frac{2}{4}$$

방법2 대분수를 가분수로 바꾸어 분모는 그대로 쓰고 분자끼리 뺀 후 가분수이면 대분수로 바꿉니다.

$$3\frac{1}{4}-1\frac{3}{4}=\frac{13}{4}-\frac{7}{4}=\frac{6}{4}=1\frac{2}{4}$$

1 $3\frac{1}{3}-1\frac{2}{3}$ 를 두 가지 방법으로 계산하려고 합니다. □ 안에 알맞은 수를 써넣으세요.

방법1 빼지는 수의 자연수에서 1만큼을 가분수로 바꾸어 계산하기

$$3\frac{1}{3}-1\frac{2}{3}=2\boxed{\frac{4}{3}}-1\frac{2}{3}=(2-1)+\left(\boxed{\frac{4}{3}}-\frac{2}{3}\right)=\boxed{1}+\boxed{\frac{2}{3}}=\boxed{1}\boxed{\frac{2}{3}}$$

방법2 가분수로 바꾸어 계산하기

$$3\frac{1}{3}-1\frac{2}{3}=\frac{\boxed{10}}{3}-\frac{\boxed{5}}{3}=\frac{\boxed{10-5}}{3}=\frac{\boxed{5}}{3}=\boxed{1}\boxed{\frac{2}{3}}$$

2 □ 안에 알맞은 수를 써넣으세요.

$5\frac{2}{6}$ 는 $\frac{1}{6}$ 이 $\boxed{32}$ 개, $2\frac{5}{6}$ 는 $\frac{1}{6}$ 이 $\boxed{17}$ 개이므로 $5\frac{2}{6}-2\frac{5}{6}$ 는 $\frac{1}{6}$ 이 $\boxed{15}$ 개입니다.

➡ $5\frac{2}{6}-2\frac{5}{6}=\frac{\boxed{32}}{6}-\frac{\boxed{17}}{6}=\frac{\boxed{15}}{6}=\boxed{2}\boxed{\frac{3}{6}}$

3 계산해 보세요.

❶ $5\frac{4}{9}-2\frac{8}{9}=4\frac{13}{9}-2\frac{8}{9}=2\frac{5}{9}$

❷ $4\frac{1}{12}-1\frac{3}{12}=3\frac{13}{12}-1\frac{3}{12}=2\frac{10}{12}$

4 계산 결과가 1과 2 사이인 뺄셈식에 모두 ○표 하세요.

$6\frac{3}{8}-4\frac{7}{8}$	$5\frac{2}{10}-2\frac{4}{10}$	$8\frac{7}{11}-6\frac{10}{11}$
○		○

▶ ① $6\frac{3}{8}-4\frac{7}{8}=5\frac{11}{8}-4\frac{7}{8}=1\frac{4}{8}$ 　② $5\frac{2}{10}-2\frac{4}{10}=4\frac{12}{10}-2\frac{4}{10}=2\frac{8}{10}$

③ $8\frac{7}{11}-6\frac{10}{11}=7\frac{18}{11}-6\frac{10}{11}=1\frac{8}{11}$

5 $10\frac{1}{7}$ 보다 $3\frac{5}{7}$ 만큼 더 작은 수를 구하는 식을 쓰고 답을 구해 보세요.

식 $\underline{10\frac{1}{7}-3\frac{5}{7}=6\frac{3}{7}}$ 　답 $\underline{6\frac{3}{7}}$

6 가족여행을 가기 위해 짐을 싸서 무게를 재었더니 내 가방의 무게는 $15\frac{2}{5}$ kg이고, 동생의 가방의 무게는 $11\frac{4}{5}$ kg이었습니다. 내 가방의 무게는 동생의 가방의 무게보다 몇 kg 더 무거운지 구해 보세요.

▶ $15\frac{2}{5}-11\frac{4}{5}=14\frac{7}{5}-11\frac{4}{5}=3\frac{3}{5}$ (kg) 　($3\frac{3}{5}$) kg

7 계산 결과가 가장 작은 뺄셈식을 만들려고 합니다. 보기 에서 □ 안에 알맞은 수를 골라 계산 결과가 가장 작은 뺄셈식을 만들고 계산해 보세요.

보기 $\boxed{5,\ 4,\ 3}$ 　$\boxed{3\frac{4}{6}-2\frac{\square}{6}}$

계산 결과가 가장 작은 뺄셈식 $\underline{3\frac{4}{6}-2\frac{5}{6}=\frac{5}{6}}$ 　답 $\underline{\frac{5}{6}}$

▶ 계산 결과가 가장 작기 위해서는 빼는 수가 커야 하므로 □는 5가 되어야 합니다.

$3\frac{4}{6}-2\frac{5}{6}=2\frac{10}{6}-2\frac{5}{6}=\frac{5}{6}$

[1~14] 계산해 보세요.

1   $\dfrac{1}{4} + \dfrac{2}{4} = \dfrac{3}{4}$

2   $\dfrac{3}{7} + \dfrac{1}{7} = \dfrac{4}{7}$

3   $\dfrac{5}{11} + \dfrac{6}{11} = 1\left(=\dfrac{11}{11}\right)$

4   $\dfrac{2}{5} + \dfrac{4}{5} = 1\dfrac{1}{5}\left(=\dfrac{6}{5}\right)$

5   $\dfrac{6}{12} + \dfrac{8}{12} = 1\dfrac{2}{12}\left(=\dfrac{14}{12}\right)$

6   $\dfrac{11}{13} + \dfrac{4}{13} = 1\dfrac{2}{13}\left(=\dfrac{15}{13}\right)$

7   $1\dfrac{2}{5} + 2\dfrac{1}{5} = 3\dfrac{3}{5}$

8   $4\dfrac{2}{9} + 3\dfrac{5}{9} = 7\dfrac{7}{9}$

9   $2\dfrac{3}{9} + 3\dfrac{4}{9} = 5\dfrac{7}{9}$

10   $1\dfrac{3}{5} + 2\dfrac{1}{5} = 3\dfrac{4}{5}$

11   $5\dfrac{5}{7} + 2\dfrac{4}{7} = 8\dfrac{2}{7}$

12   $1\dfrac{5}{8} + 4\dfrac{7}{8} = 6\dfrac{4}{8}$

13   $2\dfrac{2}{3} + 3\dfrac{2}{3} = 6\dfrac{1}{3}$

14   $4\dfrac{9}{12} + 3\dfrac{8}{12} = 8\dfrac{5}{12}$

[15~28] 계산해 보세요.

15   $\dfrac{7}{8} - \dfrac{2}{8} = \dfrac{5}{8}$

16   $\dfrac{10}{15} - \dfrac{7}{15} = \dfrac{3}{15}$

17   $1 - \dfrac{7}{10} = \dfrac{3}{10}$

18   $1 - \dfrac{6}{9} = \dfrac{3}{9}$

19   $3\dfrac{5}{6} - 1\dfrac{2}{6} = 2\dfrac{3}{6}$

20   $4\dfrac{2}{3} - 3\dfrac{1}{3} = 1\dfrac{1}{3}$

21   $3 - 1\dfrac{2}{3} = 1\dfrac{1}{3}$

22   $6 - 3\dfrac{8}{9} = 2\dfrac{1}{9}$

23   $4 - 1\dfrac{7}{12} = 2\dfrac{5}{12}$

24   $9 - 2\dfrac{4}{11} = 6\dfrac{7}{11}$

25   $6\dfrac{2}{5} - 1\dfrac{3}{5} = 4\dfrac{4}{5}$

26   $8\dfrac{2}{10} - 5\dfrac{4}{10} = 2\dfrac{8}{10}$

27   $9\dfrac{5}{11} - 6\dfrac{10}{11} = 2\dfrac{6}{11}$

28   $5\dfrac{10}{20} - 2\dfrac{13}{20} = 2\dfrac{17}{20}$

---

1   그림에 $\dfrac{1}{4} + \dfrac{2}{4}$ 를 나타내고 얼마인지 알아보세요.

$\dfrac{1}{4} + \dfrac{2}{4} = \boxed{\dfrac{3}{4}}$

2   ㉠과 ㉡의 합을 구해 보세요.

$\dfrac{3}{6}$ 은 $\dfrac{1}{6}$ 이 3개, $\dfrac{5}{6}$ 는 $\dfrac{1}{6}$ 이 5개이므로 $\dfrac{3}{6} + \dfrac{5}{6}$ 는 $\dfrac{1}{6}$ 이 모두 ㉠개입니다.

➡ $\dfrac{3}{6} + \dfrac{5}{6} = \dfrac{㉠}{6} = 1\dfrac{㉡}{6}$

(10   )

▶ ㉠ 8, ㉡ 2이므로 ㉠+㉡=10입니다.

3   계산 결과가 큰 덧셈식부터 차례대로 기호를 써 보세요.

㉠ $2\dfrac{7}{10} + 1\dfrac{3}{10} = 4$ ㉡ $3\dfrac{1}{10} + 2\dfrac{8}{10}$ ㉢ $3\dfrac{2}{10} + 1\dfrac{11}{10} = 4\dfrac{3}{10}$
                                 $= 5\dfrac{9}{10}$

(㉡, ㉢, ㉠   )

4   계산 결과를 비교하여 ○ 안에 >, =, <를 알맞게 써넣으세요.

$\boxed{\dfrac{4}{5} - \dfrac{1}{5}}$ $<$ $\boxed{2\dfrac{3}{5} - 1\dfrac{2}{5}}$

$\dfrac{4}{5} - \dfrac{1}{5} = \dfrac{3}{5}$ $2\dfrac{3}{5} - 1\dfrac{2}{5} = 1\dfrac{1}{5}$

5   보기와 같이 계산해 보세요.

보기 $7 - 1\dfrac{1}{4} = 6\dfrac{4}{4} - 1\dfrac{1}{4} = 5\dfrac{3}{4}$

$4 - 1\dfrac{2}{8} = 3\dfrac{8}{8} - 1\dfrac{2}{8} = 2\dfrac{6}{8}$

6   □ 안에 알맞은 수를 써넣으세요.

$4\dfrac{1}{6} - 2\dfrac{5}{6} = \dfrac{\boxed{25}}{6} - \dfrac{\boxed{17}}{6} = \dfrac{\boxed{8}}{6} = \boxed{1}\dfrac{\boxed{2}}{6}$

7   가장 큰 수와 가장 작은 수의 차를 구해 보세요.

$1\dfrac{2}{7}$ $2\dfrac{1}{7}$ $1\dfrac{6}{7}$

($\dfrac{6}{7}$)

▶ $2\dfrac{1}{7} - 1\dfrac{2}{7} = 1\dfrac{8}{7} - 1\dfrac{2}{7} = \dfrac{6}{7}$

8   그림과 같이 길이가 1 m인 색 테이프 2장을 $\dfrac{2}{9}$ m만큼 겹치게 이어 붙였습니다. 이어 붙여 만든 색 테이프의 전체 길이는 몇 m인지 구해 보세요.

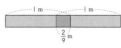

($1\dfrac{7}{9}$) m

▶ 색 테이프 전체 길이는 $\left(2 - \dfrac{2}{9}\right)$ m이므로 $1\dfrac{9}{9} - \dfrac{2}{9} = 1\dfrac{7}{9}$ (m)입니다.

1. 분수의 덧셈과 뺄셈　실력 키우기

1 ㉠에 알맞은 분수를 구해 보세요.

$$㉠+1\frac{3}{8}=4\frac{1}{8}$$

($2\frac{6}{8}$)

▶ ㉠$=4\frac{1}{8}-1\frac{3}{8}=3\frac{9}{8}-1\frac{3}{8}=2\frac{6}{8}$

2 1부터 9까지의 수 중에서 □ 안에 들어갈 수 있는 자연수를 모두 구해 보세요.

$$5\frac{1}{10}-3\frac{4}{10}<1\frac{\square}{10}$$

(8, 9)

▶ $5\frac{1}{10}-3\frac{4}{10}=4\frac{11}{10}-3\frac{4}{10}=1\frac{7}{10}$
$1\frac{7}{10}<1\frac{\square}{10}$ 이므로 □ 안에 들어갈 수 있는 수는 8, 9입니다.

3 지민이는 영화를 $2\frac{2}{6}$시간 동안 보고, 숙제를 $1\frac{4}{6}$시간 동안 하였습니다. 지민이가 영화를 보고 숙제를 하는 데 걸린 시간은 모두 몇 시간인지 구해 보세요.

(4)시간

▶ $2\frac{2}{6}+1\frac{4}{6}=3\frac{6}{6}=4$(시간)

4 어떤 수에서 $\frac{3}{4}$을 뺐더니 $2\frac{2}{4}$가 되었습니다. 어떤 수에 $1\frac{1}{4}$을 더하면 얼마인지 구해 보세요.

($4\frac{2}{4}$)

▶ (어떤 수)$-\frac{3}{4}=2\frac{2}{4}$이므로 어떤 수는 $2\frac{2}{4}+\frac{3}{4}=3\frac{1}{4}$입니다.
따라서 $3\frac{1}{4}+1\frac{1}{4}=4\frac{2}{4}$입니다.

5 대분수로만 만들어진 뺄셈식입니다. ★+▲가 가장 클 때의 값을 구해 보세요.

$$4\frac{★}{8}-3\frac{▲}{8}=1\frac{4}{8}$$

(10)

▶ $1\frac{★-▲}{8}=1\frac{4}{8}$이므로 ★-▲=4입니다.
$\frac{★}{8}$과 $\frac{▲}{8}$는 진분수이므로 ★과 ▲는 8보다 작은 수입니다.
★+▲가 가장 클 때의 값은 7+3=10이 됩니다.

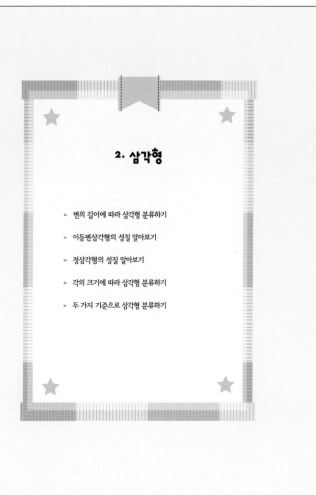

2. 삼각형

▸ 변의 길이에 따라 삼각형 분류하기

▸ 이등변삼각형의 성질 알아보기

▸ 정삼각형의 성질 알아보기

▸ 각의 크기에 따라 삼각형 분류하기

▸ 두 가지 기준으로 삼각형 분류하기

---

2. 삼각형
변의 길이에 따라 삼각형 분류하기

- 이등변삼각형: 두 변의 길이가 같은 삼각형
- 정삼각형: 세 변의 길이가 같은 삼각형

[1~3] 삼각형을 보고 물음에 답하세요.

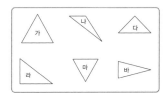

1 두 변의 길이가 같은 삼각형을 모두 찾아 기호를 써 보세요.

(가, 다, 마, 바)

2 세 변의 길이가 같은 삼각형을 모두 찾아 기호를 써 보세요.

(가, 마)

3 알맞은 말에 ○표 하세요.
❶ 두 변의 길이가 같은 삼각형을 (이등변삼각형, 정삼각형)이라고 합니다.
❷ 세 변의 길이가 같은 삼각형을 (정삼각형, 직각삼각형)이라고 합니다.

4 이등변삼각형을 보고, □ 안에 알맞은 수를 써넣으세요.

5 정삼각형을 모두 찾아 ○표 하세요.

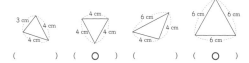

( ) (○) ( ) (○)

6 친구들이 막대를 이용하여 삼각형을 만들고 있습니다. 물음에 답하세요.

> 현수: 내가 가지고 있는 막대는 5 cm, 5 cm, 8 cm야.
> 하율: 나는 6 cm짜리 막대 3개를 가지고 있어.
> 태환: 나는 7 cm짜리 막대 2개, 10 cm짜리 막대 1개를 가지고 있어.
> 윤희: 나는 3 cm, 4 cm, 5 cm짜리 막대를 각각 1개씩 가지고 있어.

❶ 가지고 있는 막대로 이등변삼각형을 만들 수 있는 친구를 모두 찾아 이름을 써 보세요.

(현수, 하율, 태환)

▶ 이등변삼각형은 두 변의 길이가 같은 삼각형입니다.
❷ 가지고 있는 막대로 정삼각형을 만들 수 있는 친구를 찾아 이름을 써 보세요.

(하율)

2. 삼각형

이등변삼각형의 성질 알아보기

이등변삼각형에서 길이가 같은 두 변에 있는 두 각의 크기가 같습니다.

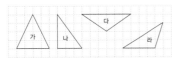

크기가 같습니다. ➡ (각 ㄱㄴㄷ)=(각 ㄱㄷㄴ)

1 이등변삼각형을 모두 찾아 기호를 써 보세요.

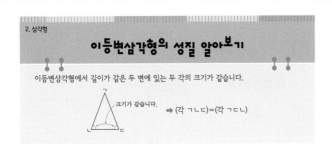

(가, 다)

2 이등변삼각형에 대한 설명으로 옳은 것을 모두 찾아 기호를 써 보세요.

> ㉠ 두 변의 길이가 같습니다.
> ㉡ 두 각의 크기가 같습니다.
> ㉢ 세 변의 길이가 모두 다릅니다.

(㉠, ㉡)

3 다음은 이등변삼각형입니다. □ 안에 알맞은 수를 써넣으세요.

❶

❷

4 다음은 이등변삼각형입니다. 세 변의 길이의 합은 몇 cm인지 구해 보세요.

(15) cm

▶ 나머지 한 변의 길이가 6 cm이므로 3+6+6=15 (cm)입니다.

5 다음은 이등변삼각형입니다. □ 안에 알맞은 수를 써넣으세요.

❶

❷

▶ 180°−120°=60°이고, 60°÷2=30°입니다.

▶ 180°−70°=110°이고, 110°÷2=55°입니다.

6 삼각형의 세 각 중 두 각을 나타낸 것입니다. 이등변삼각형을 모두 찾아 기호를 써 보세요.

> ㉠ 40°, 40°   ㉡ 80°, 30°
> ㉢ 90°, 45°   ㉣ 85°, 35°

▶ ㉠ 삼각형의 나머지 한 각은 180°−40°−40°=100°
  ㉡ 삼각형의 나머지 한 각은 180°−80°−30°=70°   (㉠, ㉢)
  ㉢ 삼각형의 나머지 한 각은 180°−90°−45°=45°
  ㉣ 삼각형의 나머지 한 각은 180°−85°−35°=60°
  세 각 중 두 각의 크기가 같은 삼각형은 ㉠과 ㉢입니다.

7 주어진 선분이 한 변이 되도록 이등변삼각형을 각각 완성해 보세요.

---

2. 삼각형

정삼각형의 성질 알아보기

정삼각형의 세 각의 크기는 모두 같습니다.

➡ (각 ㄱㄴㄷ)=(각 ㄱㄷㄴ)=(각 ㄴㄷ)=60°

1 그림을 보고 물음에 답하세요.

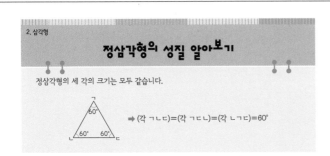

❶ 알맞은 말에 ○표 하세요.

> (이등변삼각형, 정삼각형)은 세 변의 길이가 모두 같습니다.

❷ □ 안에 알맞은 수를 써넣으세요.

> 삼각형의 세 각의 크기의 합은 180°이고, 정삼각형은 세 각의 크기가 같으므로 ㉠의 크기는
> 180°÷3= 60 °입니다.

2 다음은 정삼각형입니다. □ 안에 알맞은 수를 써넣으세요.

❶

❷

3 정삼각형에 대한 설명으로 옳지 않은 것을 찾아 기호를 써 보세요.

> ㉠ 한 각의 크기가 60°입니다.
> ㉡ 세 변의 길이가 모두 다릅니다.
> ㉢ 이등변삼각형이라고 할 수 있습니다.

(㉡)

▶ ㉡ 세 변의 길이가 모두 같습니다.
  ㉢ 두 변의 길이가 같으므로 이등변삼각형이라 할 수 있습니다.

4 다음은 정삼각형입니다. 세 변의 길이의 합은 몇 cm인지 구해 보세요.

(18) cm

▶ 6+6+6=18 (cm)

5 15 cm의 끈을 모두 사용하여 세 변의 길이와 세 각의 크기가 모두 같은 삼각형을 만들었습니다. 이 삼각형의 한 변의 길이는 몇 cm인지 구해 보세요.

(5) cm

▶ 세 변의 길이가 모두 같으므로 15÷3=5 (cm)입니다.

6 주어진 선분을 한 변으로 하는 정삼각형을 각각 그려 보세요.

2. 삼각형

각의 크기에 따라 삼각형 분류하기

• 예각삼각형: 세 각이 모두 예각인 삼각형   • 둔각삼각형: 한 각이 둔각인 삼각형

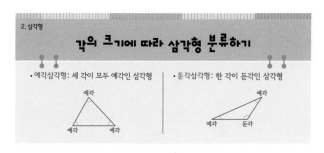

1 삼각형을 보고 □ 안에 알맞은 말을 써넣으세요.

❶  세 각이 모두 **예각** 인 삼각형을 **예각** 삼각형이라고 합니다.

❷  한 각이 **둔각** 인 삼각형을 **둔각** 삼각형이라고 합니다.

2 각의 크기에 따라 삼각형을 분류하려고 합니다. 물음에 답하세요.

가 나 다 라 마

❶ 직각삼각형을 찾아 기호를 써 보세요.

(가)

❷ 예각삼각형을 모두 찾아 기호를 써 보세요.

(나, 라)

❸ 둔각삼각형을 모두 찾아 기호를 써 보세요.

(다, 마)

3 삼각형의 세 각의 크기가 다음과 같을 때, 어떤 삼각형인지 찾아 ○표 하세요.

❶  30° 110° 40°   (예각삼각형 , 직각삼각형 , ⟨둔각삼각형⟩)

❷ 40° 80° 60°   (⟨예각삼각형⟩, 직각삼각형 , 둔각삼각형)

4 다음 도형을 설명한 것을 보고 바르게 설명한 친구의 이름을 써 보세요.

진우: 예각이 있으므로 예각삼각형입니다.
주원: 한 각이 둔각인 삼각형이므로 둔각삼각형입니다.

(주원)

▶ 세 각이 모두 예각인 삼각형을 예각삼각형이라고 합니다.

5 두 각의 크기가 각각 45°, 30°인 삼각형이 있습니다. 이 삼각형은 예각삼각형, 직각삼각형, 둔각삼각형 중 어떤 삼각형인지 써 보세요.

(둔각삼각형)

▶ 나머지 한 각은 180°−45°−30°=105°입니다.
한 각이 둔각이기 때문에 이 삼각형은 둔각삼각형입니다.

6 예각삼각형과 둔각삼각형을 각각 1개씩 그려 보세요.

❶ 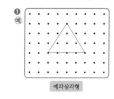 예각삼각형

❷ 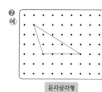 둔각삼각형

---

2. 삼각형

두 가지 기준으로 삼각형 분류하기

• 삼각형을 변의 길이에 따라 이등변삼각형과 정삼각형으로 분류합니다.
• 삼각형을 각의 크기에 따라 예각삼각형, 직각삼각형, 둔각삼각형으로 분류합니다.

1 삼각형을 보고 □ 안에 알맞은 말을 써넣으세요.

❶ • 두 변의 길이가 같으므로 **이등변삼각형** 입니다.
• 한 각이 직각이므로 **직각삼각형** 입니다.

❷ • 세 변의 길이가 같으므로 **정삼각형** 입니다.
• 세 각이 모두 예각이므로 **예각삼각형** 입니다.

❸ • 두 변의 길이가 같으므로 **이등변삼각형** 입니다.
• 한 각이 둔각이므로 **둔각삼각형** 입니다.

3 그림을 보고 물음에 답하세요.

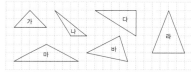

❶ 변의 길이에 따라 삼각형을 분류하여 기호를 써 보세요.

이등변삼각형	세 변의 길이가 모두 다른 삼각형
가, 라, 마	나, 다, 바

❷ 각의 크기에 따라 삼각형을 분류하여 기호를 써 보세요.

예각삼각형	직각삼각형	둔각삼각형
라, 바	가, 다	나, 마

❸ 각의 크기와 변의 길이에 따라 삼각형을 분류하여 기호를 써 보세요.

	이등변삼각형	세 변의 길이가 모두 다른 삼각형
예각삼각형	라	바
직각삼각형	가	다
둔각삼각형	마	나

4 설명하는 도형을 그려 보세요.

❶ • 변이 3개입니다.
• 두 변의 길이가 같습니다.
• 세 각이 모두 예각입니다.

예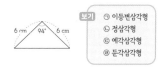

❷ • 변이 3개입니다.
• 두 변의 길이가 같습니다.
• 한 각이 둔각입니다.

예

2 삼각형의 이름을 보기 에서 모두 찾아 기호를 써 보세요.

6 cm 94° 6 cm

보기 ㉠ 이등변삼각형
㉡ 정삼각형
㉢ 예각삼각형
㉣ 둔각삼각형

(㉠, ㉣)

▶ 두 변의 길이가 같고 한 각이 둔각입니다.

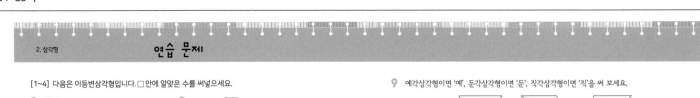

2. 삼각형　　　　연습 문제

[1~4] 다음은 이등변삼각형입니다. □ 안에 알맞은 수를 써넣으세요.

1

2

3

▶ 180°−70°=110°이고
110°÷2=55°입니다.

[5~8] 다음은 정삼각형입니다. □ 안에 알맞은 수를 써넣으세요.

5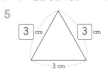

6

7

8

9 예각삼각형이면 '예', 둔각삼각형이면 '둔', 직각삼각형이면 '직'을 써 보세요.

(예) (둔) (직)

[10~11] 관계있는 것끼리 모두 이어 보세요.

10

이등변삼각형　　　　　　　　예각삼각형
정삼각형　　　　　　　・ 직각삼각형
　　　　　　　　　　　・ 둔각삼각형

11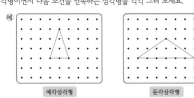

이등변삼각형　　　　　　　・ 예각삼각형
정삼각형 ・　　　　　　　 직각삼각형
　　　　　　　　　　　・ 둔각삼각형

12 이등변삼각형이면서 다음 조건을 만족하는 삼각형을 각각 그려 보세요.

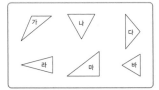

예각삼각형　　　　　　　둔각삼각형

2. 삼각형　　　　단원 평가

1 변의 길이에 따라 삼각형을 분류하여 기호를 써 보세요.

이등변삼각형	나, 다, 라, 바
정삼각형	나, 바

2 다음은 이등변삼각형입니다. □ 안에 알맞은 수를 써넣으세요.

❶

❷

3 다음은 정삼각형입니다. □ 안에 알맞은 수를 써넣으세요.

❶

❷

▶ 180°−60°=120°입니다.

4 오른쪽 삼각형은 정삼각형입니다. 삼각형의 세 변의 길이의 합은 몇 cm인지 구해 보세요.

(30) cm

5 삼각형의 두 각의 크기를 나타낸 것입니다. 예각삼각형에는 '예', 둔각삼각형에는 '둔'을 써 보세요.

❶ 100°, 45° ❷ 30°, 35° ❸ 65°, 35°

(둔) (둔) (예)

6 직사각형 모양의 종이를 점선을 따라 오려 여러 개의 삼각형을 만들려고 합니다. 삼각형을 분류하여 알맞게 기호를 써 보세요.

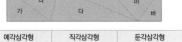

예각삼각형	직각삼각형	둔각삼각형
나, 다, 마	가, 바	라

7 이등변삼각형이면서 둔각삼각형인 것을 찾아 기호를 써 보세요.

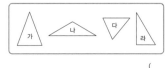

(나)

8 삼각형의 일부가 지워졌습니다. 이 삼각형은 어떤 삼각형인지 2가지로 써 보세요.

(이등변삼각형), (예각삼각형)

▶ 지워진 부분의 각을 구해 보면 180°−30°−75°=75°입니다.
두 각의 크기가 같으므로 이등변삼각형이고, 세 각이 모두 예각이므로 예각삼각형입니다.

2. 삼각형 실력 키우기

1 이등변삼각형 ㄱㄴㄷ의 세 변의 길이의 합은 24 cm입니다. 변 ㄴㄷ의 길이는 몇 cm인가요?

▶ 변 ㄱㄷ과 변 ㄴㄷ의 길이가 같습니다. (9) cm
변 ㄱㄷ과 변 ㄴㄷ의 합이 18 cm이므로 변 ㄴㄷ은 9 cm입니다.

2 삼각형 ㄱㄴㄷ은 이등변삼각형입니다. □ 안에 알맞은 수를 써넣으세요.

▶ 이등변삼각형이므로
각 ㄴㄱㄷ의 크기는 40°입니다.
각 ㄴㄷㄱ의 크기는
180°-40°-40°=100°입니다.

3 다음 이등변삼각형과 세 변의 길이의 합이 같은 정삼각형이 있습니다. 정삼각형의 한 변의 길이는 몇 cm인지 구해 보세요.

▶ 이등변삼각형의 세 변의 길이의 합: 7+13+7=27 (cm) (9) cm
정삼각형의 한 변의 길이: 27÷3=9 (cm)

4 그림을 보고 물음에 답하세요.

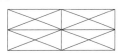

❶ 그림에서 찾을 수 있는 크고 작은 예각삼각형은 모두 몇 개인지 구해 보세요.
▶ ① : 8개, ② : 4개 (12)개

❷ 그림에서 찾을 수 있는 크고 작은 둔각삼각형은 모두 몇 개인지 구해 보세요.
▶ ① : 8개, ② : 4개 (12)개

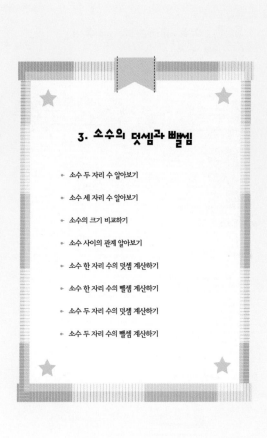

3. 소수의 덧셈과 뺄셈

* 소수 두 자리 수 알아보기
* 소수 세 자리 수 알아보기
* 소수의 크기 비교하기
* 소수 사이의 관계 알아보기
* 소수 한 자리 수의 덧셈 계산하기
* 소수 한 자리 수의 뺄셈 계산하기
* 소수 두 자리 수의 덧셈 계산하기
* 소수 두 자리 수의 뺄셈 계산하기

---

3. 소수의 덧셈과 뺄셈

소수 두 자리 수 알아보기

· 1보다 작은 소수 두 자리 수

$\frac{1}{100}$=0.01 ➡

쓰기	읽기
0.01	영 점 영일

$\frac{65}{100}$=0.65

쓰기	읽기
0.65	영 점 육오

· 1보다 큰 소수 두 자리 수

$1\frac{23}{100}$=1.23 ➡

쓰기	읽기
1.23	일 점 이삼

일의 자리	소수 첫째 자리	소수 둘째 자리
1	.	
0	2	
0	0	3

1.23에서
1은 일의 자리 숫자이고, 1을 나타냅니다.
2는 소수 첫째 자리 숫자이고, 0.2를 나타냅니다.
3은 소수 둘째 자리 숫자이고, 0.03을 나타냅니다.

1 전체 크기가 1인 모눈종이에 색칠된 부분의 크기를 분수와 소수로 나타내어 보세요.

분수 ($\frac{85}{100}$)
소수 (0.85)

2 다음 분수를 소수로 나타낸 것으로 알맞은 것에 ○표 하세요.

❶ $\frac{2}{100}$
0.02 (○)
0.2 ( )

❷ $\frac{45}{100}$
0.045 ( )
0.45 (○)

3 5.48의 각 자리 숫자와 그 숫자가 나타내는 수를 알아보려고 합니다. □ 안에 알맞은 수나 말을 써넣으세요.

5는 일의 자리 숫자이고, 5를 나타냅니다.
4는 소수 첫째 자리 숫자이고, 0.4 을/를 나타냅니다.
8은 소수 둘째 자리 숫자이고, 0.08 을/를 나타냅니다.

4 다음 분수를 소수로 나타내어 보세요.

❶ $3\frac{96}{100}$ ➡ 3.96

❷ $5\frac{24}{100}$ ➡ 5.24

5 □ 안에 알맞은 수를 써넣으세요.

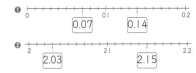

❶ 0 ... 0.1 ... 0.2
0.07 0.14

❷ 2 ... 2.1 ... 2.2
2.03 2.15

6 □ 안에 알맞은 수를 써넣으세요.

1이 6개, 0.1이 0개, $\frac{1}{100}$이 4개인 수 ➡ 6.04

7 밑줄 친 숫자 7이 0.7을 나타내는 소수에 ○표 하세요.

2.57 (1.75) 7.04

8 주현이의 키는 136 cm입니다. 주현이의 키는 몇 m인지 소수로 써 보세요.

(1.36) m

▶ 1 m=100 cm이므로 136 cm는 1.36 m입니다.

3. 소수의 덧셈과 뺄셈
소수 세 자리 수 알아보기

· 1보다 작은 소수 세 자리 수

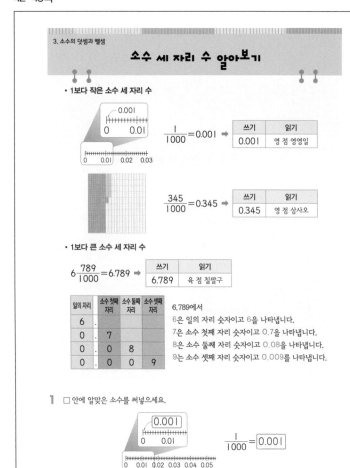

$\dfrac{1}{1000}=0.001$ ⇒

쓰기	읽기
0.001	영 점 영영일

$\dfrac{345}{1000}=0.345$ ⇒

쓰기	읽기
0.345	영 점 삼사오

· 1보다 큰 소수 세 자리 수

$6\dfrac{789}{1000}=6.789$ ⇒

쓰기	읽기
6.789	육 점 칠팔구

일의 자리	소수 첫째 자리	소수 둘째 자리	소수 셋째 자리
6	.		
0	.	7	
0	.	0	8
0	.	0	0	9

6.789에서

6은 일의 자리 숫자이고 6을 나타냅니다.
7은 소수 첫째 자리 숫자이고 0.7을 나타냅니다.
8은 소수 둘째 자리 숫자이고 0.08을 나타냅니다.
9는 소수 셋째 자리 숫자이고 0.009를 나타냅니다.

1 □ 안에 알맞은 소수를 써넣으세요.

$\dfrac{1}{1000}=\boxed{0.001}$

2 전체 크기가 1인 모눈종이에 색칠된 부분의 크기를 분수와 소수로 나타내어 보세요.

분수 ($\dfrac{475}{1000}$)
소수 (0.475)

3 관계있는 것끼리 이어 보세요.

1이 1개, $\dfrac{1}{10}$이 4개, $\dfrac{1}{1000}$이 5개인 수 ——— 영 점 칠구사

0.1이 7개, $\dfrac{1}{100}$이 9개, 0.001이 4개인 수 ——— 일 점 사영오

4 5.367을 수직선에 ↑로 나타내어 보세요.

5 밑줄 친 1이 나타내는 수를 써 보세요.

❶ 0.24<u>1</u> ⇒ (0.001)

❷ 7.<u>1</u>56 ⇒ (0.1)

6 소수 5.049에 대한 설명 중 틀린 설명을 찾아 기호를 써 보세요.

㉠ 5는 일의 자리 숫자입니다.
㉡ 오 점 사십구라고 읽습니다.
㉢ 소수 첫째 자리 숫자는 0입니다.
㉣ 9는 소수 셋째 자리 숫자이고, 0.009를 나타냅니다.

(㉡)

▶ ㉡ 오 점 영사구라고 읽습니다.

3. 소수의 덧셈과 뺄셈
소수의 크기 비교하기

· 0.5와 0.50 비교하기

필요한 경우 오른쪽 끝자리에 0을 붙여서 나타낼 수 있습니다.

0.5=0.50

· 소수의 크기 비교

높은 자리부터 차례대로 같은 자리 수의 크기를 비교합니다.

소수 첫째 자리 수 비교
5.489 < 5.637

소수 둘째 자리 수 비교
2.195 > 2.179

소수 셋째 자리 수 비교
4.208 > 4.202

1 전체 크기가 1인 모눈종이에 주어진 소수만큼 색칠하고, 크기를 비교하여 ○ 안에 >, =, <를 알맞게 써넣으세요.

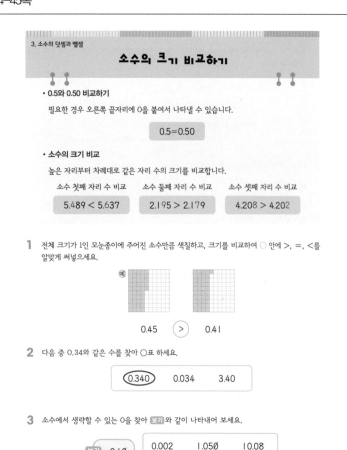

0.45 (>) 0.41

2 다음 중 0.34와 같은 수를 찾아 ○표 하세요.

((0.340) 0.034 3.40)

3 소수에서 생략할 수 있는 0을 찾아 [보기]와 같이 나타내어 보세요.

[보기] 0.1̸0̸

0.002 1.05̸0̸ 10.08
0.006̸0̸ 7.065̸0̸0̸ 18.26̸0̸

4 두 소수의 크기를 비교하여 ○ 안에 >, =, <를 알맞게 써넣으세요.

❶ 0.43 (>) 0.32

❷ 1.601 (<) 1.653

❸ 5.08 (<) 5.80

❹ 2.567 (<) 2.58

5 두 소수의 크기를 비교하여 ○ 안에 >, =, <를 알맞게 써넣고, □ 안에 알맞은 수를 써넣으세요.

0.21 (<) 0.3

0.21은 0.01이 21 개인 수이고, 0.3은 0.01이 30 개인 수입니다.

따라서 0.21 보다 0.3 이 더 큽니다.

6 가장 작은 수부터 차례대로 놓아 문장을 완성해 보세요.

1.5	1.005	11.05	1.051
해	행	요	복

1.005 < 1.051 < 1.5 < 11.05
행 < 복 < 해 < 요

7 주원이와 친구들이 멀리뛰기를 하였습니다. 가장 멀리 뛴 친구의 이름을 써 보세요.

이름	주원	태훈	민서
거리	1.218 m	1.207 m	1.186 m

(주원)

3. 소수의 덧셈과 뺄셈

소수 사이의 관계 알아보기

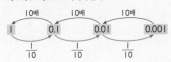

• 1, 0.1, 0.01, 0.001 사이의 관계

• 소수 사이의 관계

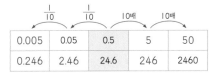

• 소수의 $\frac{1}{10}$ 은 소수점을 기준으로 수가 오른쪽으로 한 자리 이동합니다.
• 소수를 10배 하면 소수점을 기준으로 수가 왼쪽으로 한 자리 이동합니다.

1 □ 안에 알맞은 수를 써넣으세요.

❶ 0.1은 1의 $\frac{1}{\boxed{10}}$ 입니다.

❷ 0.1은 0.001의 $\boxed{100}$ 배입니다.

❸ 0.01의 1000배는 $\boxed{10}$ 입니다.

2 빈 곳에 알맞은 수를 써넣으세요.

0.005	0.05	0.5	5	50
0.246	2.46	24.6	246	2460

3 □ 안에 알맞은 수를 써넣으세요.

❶ 0.06의 10배는 $\boxed{0.6}$ 이고, 100배는 $\boxed{6}$ 입니다.

❷ 15의 $\frac{1}{10}$ 은 $\boxed{1.5}$ 이고, $\frac{1}{100}$ 은 $\boxed{0.15}$ 입니다.

4 다음 중 나타내는 수가 10인 것에 모두 ○표 하세요.

0.01의 10배	100의 $\frac{1}{10}$	0.1의 100배	10의 $\frac{1}{100}$
0.1	10	10	0.1
( )	(○)	(○)	( )

5 관계있는 것끼리 이어 보세요.

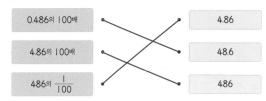

6 현준이가 구하려고 하는 수는 얼마인지 써 보세요.

현준

(82.43)

▶ 8.243의 10배는 82.43입니다.

3. 소수의 덧셈과 뺄셈

소수 한 자리 수의 덧셈 계산하기

• 2.8+1.5의 계산

방법1 2.8은 0.1이 28개이고, 1.5는 0.1이 15개이므로 2.8+1.5는 0.1이 모두 43개입니다. ➡ 2.8+1.5=4.3

방법2 소수점의 자리를 맞추어 쓰고 자연수의 덧셈과 같은 방법으로 계산한 다음 소수점을 그대로 내려 찍습니다.

$$\begin{array}{r} 2.8 \\ +1.5 \\ \hline 3 \end{array} \Rightarrow \begin{array}{r} 2.8 \\ +1.5 \\ \hline 4.3 \end{array}$$

1 그림을 보고 □ 안에 알맞은 수를 써넣으세요.

❶ 0.4+0.2=$\boxed{0.6}$

❷ 0.8+0.9=$\boxed{1.7}$

2 □ 안에 알맞은 수를 써넣으세요.

1.5는 0.1이 $\boxed{15}$ 개, 0.7은 0.1이 $\boxed{7}$ 개입니다.

1.5+0.7은 0.1이 모두 $\boxed{22}$ 개이므로 $\boxed{2.2}$ 입니다.

3 □ 안에 알맞은 수를 써넣으세요.

$$\begin{array}{r} 2.4 \\ +1.8 \\ \hline \end{array} \Rightarrow \begin{array}{r} 1 \\ 2.4 \\ +1.8 \\ \hline \boxed{2} \end{array} \Rightarrow \begin{array}{r} 1 \\ 2.4 \\ +1.8 \\ \hline \boxed{4}.2 \end{array}$$

4 계산해 보세요.

❶ 1.4+2.3=3.7

❷ 4.6+7.8=12.4

❸ $\begin{array}{r} 1.2 \\ +0.7 \\ \hline 1.9 \end{array}$

❹ $\begin{array}{r} 1 \\ 5.6 \\ +2.7 \\ \hline 8.3 \end{array}$

5 계산 결과를 비교하여 ○ 안에 >, =, <를 알맞게 써넣으세요.

❶ 4.6+8.4 (>) 5.1+7.3
  13   12.4

❷ 7.3+1.4 (<) 2.5+7.9
  8.7   10.4

6 수 카드를 한 번씩 모두 사용하여 가장 큰 소수 한 자리 수와 가장 작은 소수 한 자리 수를 만들려고 합니다. 두 소수의 합을 구하는 식을 쓰고 답을 구해 보세요.

식 86.3+36.8=123.1   답 123.1

7 유섭이가 작년에 키를 재었더니 131.5 cm이었습니다. 올해는 작년보다 키가 4.2 cm 더 자랐습니다. 올해 유섭이의 키는 몇 cm인지 식을 쓰고 답을 구해 보세요.

식 131.5+4.2=135.7   답 135.7 cm

3. 소수의 덧셈과 뺄셈

소수 한 자리 수의 뺄셈 계산하기

• 2.2−1.7의 계산

방법1 2.2는 0.1이 22개이고, 1.7은 0.1이 17개이므로 2.2−1.7은 0.1이 모두 5개입니다.
➡ 2.2−1.7=0.5

방법2 소수점의 자리를 맞추어 쓰고 자연수의 뺄셈과 같은 방법으로 계산한 다음 소수점을 그대로 내려 찍습니다.

1 색칠된 부분에서 0.5만큼 ×로 지우고 □ 안에 알맞은 수를 써넣으세요.

  0.8−0.5= **0.3**

2 수직선을 보고 □ 안에 알맞은 수를 써넣으세요.

2.5−0.7= **1.8**

3 □ 안에 알맞은 수를 써넣으세요.

1.3은 0.1이 **13** 개이고, 0.9는 0.1이 **9** 개입니다.
1.3−0.9는 0.1이 **4** 개이므로 **0.4** 입니다.

4 □ 안에 알맞은 수를 써넣으세요.

$$
\begin{array}{r} 7.1 \\ -3.5 \\ \hline \end{array}
\Rightarrow
\begin{array}{r} \overset{6}{\cancel{7}}.\overset{10}{1} \\ -3.5 \\ \hline 6 \end{array}
\Rightarrow
\begin{array}{r} \overset{6}{\cancel{7}}.\overset{10}{1} \\ -3.5 \\ \hline 3.6 \end{array}
$$

5 계산해 보세요.

❶ 3.4−1.6=1.8

❷ 11.5−7.4=4.1

❸
$$
\begin{array}{r} 8.2 \\ -7.1 \\ \hline 1.1 \end{array}
$$

❹
$$
\begin{array}{r} \overset{3}{\cancel{4}}.\overset{10}{3} \\ -2.9 \\ \hline 1.4 \end{array}
$$

6 계산 결과가 작은 것부터 차례대로 기호를 써 보세요.

| ㉠ 9.7−5.7 =4 | ㉡ 10.2−4.3 =5.9 | ㉢ 1−0.5 =0.5 | ㉣ 1.6−0.7 =0.9 |

(㉢, ㉣, ㉠, ㉡)

7 두 달 전에 강아지의 몸무게를 재었더니 5.3 kg이었습니다. 오늘 강아지의 몸무게를 재어 보니 6.1 kg이었습니다. 강아지의 몸무게가 두 달 동안 몇 kg 늘었는지 식을 쓰고 답을 구해 보세요.

식 **6.1−5.3=0.8**　　답 **0.8** kg

---

3. 소수의 덧셈과 뺄셈

소수 두 자리 수의 덧셈 계산하기

• 0.34+0.89의 계산

소수점의 자리를 맞추어 쓰고 자연수의 덧셈과 같은 방법으로 계산한 다음 소수점을 그대로 내려 찍습니다.

소수 둘째 자리	소수 첫째 자리	일의 자리
$\begin{array}{r} 0.34 \\ +0.89 \\ \hline 3 \end{array}$	$\begin{array}{r} 0.34 \\ +0.89 \\ \hline 23 \end{array}$	$\begin{array}{r} 0.34 \\ +0.89 \\ \hline 1.23 \end{array}$

1 그림을 보고 □ 안에 알맞은 수를 써넣으세요.

0.56+0.21= **0.77**

2 수직선을 보고 □ 안에 알맞은 수를 써넣으세요.

0.15+0.18= **0.33**

3 □ 안에 알맞은 수를 써넣으세요.

$$
\begin{array}{r} 2.75 \\ +3.56 \\ \hline 1 \end{array}
\Rightarrow
\begin{array}{r} 2.75 \\ +3.56 \\ \hline 31 \end{array}
\Rightarrow
\begin{array}{r} 2.75 \\ +3.56 \\ \hline 6.31 \end{array}
$$

4 □ 안에 알맞은 수를 써넣으세요.

0.73은 0.01이 **73** 개이고, 2.15는 0.01이 **215** 개입니다.
0.73+2.15는 0.01이 모두 **288** 개이므로 **2.88** 입니다.

5 계산해 보세요.

❶ 2.46+1.26=3.72

❷ 4.94+2.15=7.09

❸
$$
\begin{array}{r} 1.19 \\ +0.23 \\ \hline 1.42 \end{array}
$$

❹
$$
\begin{array}{r} 2.34 \\ +3.54 \\ \hline 5.88 \end{array}
$$

6 가장 큰 수와 가장 작은 수의 합을 구해 보세요.

(1.05)　(8.57)　7.6　3.08

(**9.62**)

▶ 8.57+1.05=9.62

7 민수가 집에서부터 학교를 지나 공원까지 걸어갔습니다. 민수가 걸은 거리는 모두 몇 km인지 구해 보세요.

0.56 km　1.16 km

(**1.72**) km

▶
$$
\begin{array}{r} 0.56 \\ +1.16 \\ \hline 1.72 \end{array}
$$

3. 소수의 덧셈과 뺄셈

소수 두 자리 수의 뺄셈 계산하기

• 1.54−0.67의 계산

소수점의 자리를 맞추어 쓰고 자연수의 뺄셈과 같은 방법으로 계산한 다음 소수점을
그대로 내려 찍습니다.

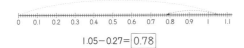

소수 둘째 자리	소수 첫째 자리	일의 자리

1 모눈종이 전체 크기가 1이라고 할 때, 물음에 답하고 □ 안에 알맞은 수를 써넣으세요.

❶ 0.78만큼 색칠하고, 색칠한 부분에서 0.24만큼 ×로 지워 보세요.

❷ [78] 칸을 색칠하고 ×로 [24] 칸을 지웠으므로 남은 부분은 [54]
칸입니다.

❸ 0.78−0.24= [0.54]

2 수직선을 보고 □ 안에 알맞은 수를 써넣으세요.

0 0.1 0.2 0.3 0.4 0.5 0.6 0.7 0.8 0.9 1 1.1

1.05−0.27= [0.78]

3 □ 안에 알맞은 수를 써넣으세요.

0.35는 0.01이 [35] 개이고, 0.2는 0.01이 [20] 개입니다.

0.35−0.2는 0.01이 [15] 개이므로 [0.15] 입니다.

4 □ 안에 알맞은 수를 써넣으세요.

5 계산 결과를 비교하여 ○ 안에 >, =, <를 알맞게 써넣으세요.

❶ 1.56−0.41 < 4.61−2.78
       1.15   1.83
❷ 2.08−1.7 < 5.31−4.92
       0.38   0.39

6 수 카드를 한 번씩 모두 사용하여 소수 두 자리 수를 만들려고 합니다. 만들 수 있는 가장 큰 소
수 두 자리 수와 가장 작은 소수 두 자리 수의 차를 구하는 식을 쓰고 답을 구해 보세요.

[4] [9] [1] [.]

식 9.41−1.49=7.92   답 7.92

7 잘못 계산한 곳을 찾아 바르게 계산해 보세요.

```
   7.28            7.28
 −  5.9    ➡    −  5.9
   6.69            1.38
```

▶ 소수점끼리 맞추어 쓴 다음 계산해야 합니다.

3. 소수의 덧셈과 뺄셈

연습 문제

[1~4] 분수를 소수로 나타내고, 읽어 보세요.

1 $\frac{5}{100}$

소수 (0.05)
읽기 (영 점 영오)

2 $\frac{124}{100}$

소수 (1.24)
읽기 (일 점 이사)

3 $\frac{42}{1000}$

소수 (0.042)
읽기 (영 점 영사이)

4 $7\frac{562}{1000}$

소수 (7.562)
읽기 (칠 점 오육이)

[5~8] 두 수의 크기를 비교하여 ○ 안에 >, =, <를 알맞게 써넣으세요.

5 10.7 > 8.9

6 0.75 > 0.725

7 1.46 = 1.460

8 0.876 < 0.89

[9~11] 빈 곳에 알맞은 수를 써넣으세요.

9

0.452 —($\frac{1}{10}$)— 4.52 —(10배)— 45.2

10 5.16의 10배는 [51.6] 이고, 100배는 [516] 입니다.

11 69.4의 $\frac{1}{10}$ 은 [6.94] 이고, $\frac{1}{100}$ 은 [0.694] 입니다.

[12~26] 계산해 보세요.

12
```
   1.5
 + 4.2
   5.7
```

13
```
   8.7
 + 5.9
  14.6
```

14
```
   0.6
 + 8.8
   9.4
```

15
```
   6.54
 + 2.08
   8.62
```

16
```
   8.9
 + 0.77
   9.67
```

17
```
   4.76
 + 5.8
  10.56
```

18
```
   4.8
 − 3.6
   1.2
```

19
```
   7.2
 − 0.7
   6.5
```

20
```
  16.6
 − 2.8
  13.8
```

21
```
   0.71
 − 0.68
   0.03
```

22
```
   4.57
 − 1.97
   2.60
```

23
```
  24.91
 −15.85
   9.06
```

24
```
   1.3
 − 0.53
   0.77
```

25
```
   2.9
 − 0.56
   2.34
```

26
```
  16.2
 − 9.35
   6.85
```

1 소수로 나타내고 읽어 보세요.

❶ 1이 1개, 0.1이 7개, 0.01이 9개인 수

쓰기 __1.79__
읽기 __일 점 칠구__

❷ 1이 2개, 0.01이 3개, $\frac{1}{1000}$이 5개인 수

쓰기 __2.035__
읽기 __이 점 영삼오__

2 소수에서 밑줄 친 숫자가 나타내는 수를 써 보세요.

❶ 2.7̲48 ➡ (0.7) ❷ 9.63̲4 ➡ (0.004)

3 크기가 같은 수끼리 이어 보세요.

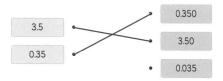

3.5 — 3.50
0.35 — 0.350
• 0.035

4 빈칸에 알맞은 수를 써넣으세요.

$\frac{1}{10}$ $\frac{1}{10}$ 10배 10배

0.01	0.1	1	10	100
0.005	0.05	0.5	5	50
0.283	2.83	28.3	283	2830

5 계산해 보세요.

❶
```
   0.5
 + 2.6
 ─────
   3.1
```

❷
```
   7.92
 + 1.06
 ──────
   8.98
```

❸
```
   1 10
   2.1
 - 1.7
 ─────
   0.4
```

❹
```
   2 15 10
   3.6
 - 0.74
 ──────
   2.86
```

6 집에서 학교까지의 거리는 0.684 km이고, 집에서 지하철역까지의 거리는 0.679 km입니다. 학교와 지하철역 중에서 집에서 더 가까운 곳은 어디인지 구해 보세요.

(__지하철역__)

▶ 0.684>0.679이므로 더 가까운 곳은 지하철역입니다.

7 다음 두 수의 합을 구하는 식을 쓰고 답을 구해 보세요.

0.1이 15개인 수 1.5	0.01이 485개인 수 4.85

식 __1.5+4.85=6.35__   답 __6.35__

8 2 L짜리 주스 한 병이 있습니다. 주연이는 0.5 L, 수진이는 0.35 L를 마셨습니다. 주연이와 수진이가 마시고 난 뒤, 남은 주스는 몇 L인지 구해 보세요.

(__1.15__) L

▶ 주연이와 수진이가 마신 주스의 양이 0.5+0.35=0.85 (L)이므로 남은 주스는 2−0.85=1.15 (L)입니다.

---

1 6이 나타내는 수가 가장 큰 소수를 찾아 ○표 하세요.

0.689   (6.024)   15.652   3.706

2 □ 안에 공통으로 들어갈 수는 얼마인지 구해 보세요.

· 13.5는 0.135의 □배입니다.
· 6.249를 □배 하면 624.9입니다.

(100)

3 ㉠이 나타내는 수는 ㉡이 나타내는 수의 몇 배인지 구해 보세요.

58.157
↑ ↑
㉠ ㉡

(1000)배

▶ ㉠ 50, ㉡ 0.05이므로 ㉠이 나타내는 수는 ㉡이 나타내는 수의 1000배입니다.

4 다음 직사각형의 가로는 세로보다 몇 cm 더 긴지 구해 보세요.

┌─── 4.5 cm ───┐

│ 2.77 cm

▶
```
  3 14 10
  4.5
- 2.77
──────
  1.73
```

(1.73) cm

5 ㉠+㉡은 얼마인지 구해 보세요.

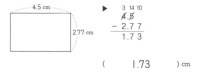

1.3   1.4   1.5
   ㉠   ㉡

(2.8)

▶ ㉠ 1.34, ㉡ 1.46이므로 ㉠+㉡=1.34+1.46=2.8입니다.

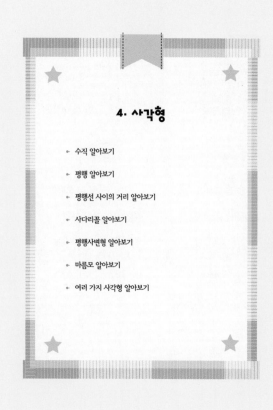

4. 사각형

+ 수직 알아보기
+ 평행 알아보기
+ 평행선 사이의 거리 알아보기
+ 사다리꼴 알아보기
+ 평행사변형 알아보기
+ 마름모 알아보기
+ 여러 가지 사각형 알아보기

4. 사각형
수직 알아보기

- 두 직선이 만나서 이루는 각이 직각일 때 두 직선은 서로 수직이라고 합니다.
- 두 직선이 서로 수직으로 만나면 한 직선을 다른 직선에 대한 수선이라고 합니다.

➡ 직선 가에 대한 수선: 직선 나, 직선 나에 대한 수선: 직선 가

1 두 직선이 만나서 이루는 각이 직각인 곳을 모두 찾아 └ 로 표시해 보세요.

2 그림을 보고 알맞은 말에 ○표 하세요.

❶ 직선 나와 직선 다가 만나서 이루는 각은 직각이므로 두 직선은 서로 ((수직), 수선)입니다.

❷ 직선 나는 직선 다에 대한 (수직 ,(수선))입니다.

3 그림을 보고 □ 안에 알맞은 말을 써넣으세요.

❶ 직선 가에 수직인 직선은 직선 │라│입니다.

❷ 직선 다는 직선 나에 대한 │수선│입니다.

4 삼각자를 사용하여 직선 가에 대한 수선을 바르게 그은 것을 찾아 ○표 하세요.

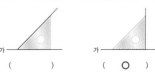

(　　　)　　　(　○　)

5 각도기를 사용하여 직선 가에 대한 수선을 바르게 그은 것을 찾아 ○표 하세요.

(　○　)　　　(　　　)

6 직선 가에 대한 수선이 모두 몇 개인지 구해 보세요.

(　　2　　)개

7 모눈종이를 이용하여 주어진 선분에 대한 수선을 그어 보세요.

---

4. 사각형
평행 알아보기

- 한 직선에 수직인 두 직선을 그었을 때, 그 두 직선은 서로 만나지 않습니다.
- 서로 만나지 않는 두 직선을 평행하다고 합니다.
- 평행한 두 직선을 평행선이라고 합니다.

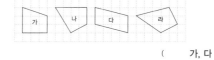

평행선

1 그림을 보고 □ 안에 알맞은 말을 써넣으세요.

❶ 직선 다에 수직인 직선은 직선 │가│와 직선 │나│이고 이 두 직선은 서로 만나지 않습니다.

❷ 서로 만나지 않는 두 직선을 │평행│하다고 합니다.

❸ 평행한 두 직선을 │평행선│(이)라고 합니다.

2 평행선을 모두 찾아 기호를 써 보세요.

(　다, 라　)

3 서로 평행인 변이 있는 도형을 모두 찾아 기호를 써 보세요.

(　가, 다　)

4 삼각자를 사용하여 직선 가와 평행한 직선을 그었습니다. 바르게 그은 것을 찾아 ○표 하세요.

(　○　)　　　(　　　)

5 점 ㄱ을 지나고 주어진 직선과 평행한 직선을 그어 보세요.

❶　　　　　　　❷

6 평행선에 대하여 바르게 설명한 사람의 이름을 써 보세요.

현민: 한 직선과 평행한 직선은 무수히 많아.
유진: 평행선을 계속 늘이면 언젠가 두 직선은 만나게 돼.
세훈: 한 점을 지나면서 한 직선과 평행한 직선은 수없이 많아.

(　현민　)

4. 사각형

평행선 사이의 거리 알아보기

- 평행선의 한 직선에서 다른 직선에 수직인 선분을 그었을 때, 이 선분의 길이를 평행선 사이의 거리라고 합니다.

평행선 사이의 거리

- 두 평행선 사이의 거리는 항상 같습니다.

1 직선 가와 직선 나는 서로 평행합니다. 그림을 보고 □ 안에 알맞게 써넣으세요.

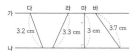

가 다   라 마 바
3.2 cm   3.3 cm 3 cm   3.7 cm
나

❶ 직선 가와 직선 나 사이에 그은 선분 중 길이가 가장 짧은 선분은 선분 **마** 입니다.

❷ 평행선 사이에 그은 길이가 가장 짧은 선분과 직선 가, 나가 만나서 이루는 각도는 **90** °입니다.

❸ 평행선 사이의 거리는 **3** cm입니다.

2 평행선 사이의 거리를 바르게 나타낸 것을 찾아 써 보세요.

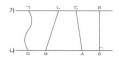

가 ㄱ   ㄴ ㄷ ㄹ
나 ㅁ   ㅂ   ㅅ ㅇ

(**선분 ㄹㅇ**)

3 평행선 사이의 거리는 몇 cm인지 써 보세요.

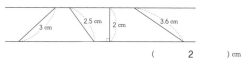

3 cm   2.5 cm 2 cm   3.6 cm

(**2**) cm

4 도형에서 평행선 사이의 거리를 구하려면 어느 변의 길이를 재어야 하는지 써 보세요.

(**변 ㄷㄹ**)

5 자를 사용하여 평행선 사이의 거리를 재어 보세요.

❶   ❷

(**3**) cm   (**2.5**) cm

6 직선 가, 직선 나, 직선 다는 서로 평행합니다. 직선 가와 직선 다 사이의 거리는 몇 cm인지 구해 보세요.

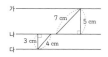

가
7 cm   5 cm
나
다 3 cm   4 cm

(**8**) cm

---

4. 사각형

사다리꼴 알아보기

사다리꼴: 평행한 변이 한 쌍이라도 있는 사각형

평행

1 그림을 보고 □ 안에 알맞은 말을 써넣으세요.

평행

평행한 변이 한 쌍이라도 있는 사각형은 **사다리꼴** 입니다.

2 사각형을 보고 알맞은 말에 ○표 하세요.

평행한 변이 (있으므로 , 없으므로) 사다리꼴(이) (입니다 , 아닙니다).

3 사다리꼴을 모두 찾아 기호를 써 보세요.

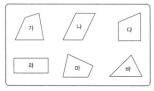

가   나   다
라   마   바

(**나, 다, 라**)

4 사다리꼴에서 서로 평행한 변을 찾아 ○표 하세요.

❶   ❷

5 주어진 선분을 이용하여 사다리꼴을 각각 완성해 보세요.

예

▶ 평행한 변이 한 쌍 있어야 합니다.

6 사다리꼴에 대해 바르게 설명한 사람의 이름을 써 보세요.

지운 : 마주 보는 한 쌍의 변이 서로 평행해.

주하 : 네 변의 길이가 모두 같아.

(**지운**)

7 점 종이에서 한 꼭짓점만 옮겨서 사다리꼴을 그려 보세요.

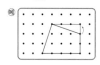

예

4. 사각형
평행사변형 알아보기

평행사변형: 마주 보는 두 쌍의 변이 서로 평행한 사각형

- 마주 보는 두 변의 길이가 같습니다.
- 마주 보는 두 각의 크기가 같습니다.
- 이웃한 두 각의 크기의 합이 180°입니다.

1 그림을 보고 □ 안에 알맞은 말을 써넣으세요.

마주 보는 두 쌍의 변이 서로 평행한 사각형은 **평행사변형** 입니다.

2 평행사변형을 모두 찾아 기호를 써 보세요.

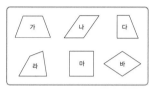

(**나, 마, 바**)

3 평행사변형을 보고 □ 안에 알맞은 말을 써넣으세요.

- 마주 보는 두 **변** 의 길이가 같습니다.
- 마주 보는 두 **각** 의 크기가 같습니다.

4 주어진 선분을 이용하여 평행사변형을 각각 완성해 보세요.

5 평행사변형을 보고 □ 안에 알맞은 수를 써넣으세요.

❶

❷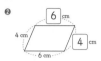

6 평행사변형의 성질을 이용하여 □ 안에 알맞은 수를 써넣으세요.

▶ 이웃한 두 각의 크기의 합은 180°이므로 180°−115°=65°입니다.

7 도형을 보고 바르게 설명한 사람을 모두 찾아 이름을 써 보세요.

소윤: 평행한 변이 두 쌍이라서 평행사변형이라고 부를 수 있어.
지안: 그림의 사각형은 평행한 변이 두 쌍이라서 사다리꼴이라고 할 수 없어.
원호: 평행한 변이 한 쌍이라도 있으면 사다리꼴이니까 사다리꼴이라고도 할 수 있어.

(**소윤, 원호**)

4. 사각형
마름모 알아보기

마름모: 네 변의 길이가 모두 같은 사각형

- 마주 보는 두 각의 크기가 같습니다.
- 이웃한 두 각의 크기의 합이 180°입니다.
- 마주 보는 꼭짓점끼리 이은 선분이 서로 수직으로 만나고 이등분합니다.

1 그림을 보고 □ 안에 알맞은 말을 써넣으세요.

네 변의 길이가 모두 같은 사각형은 **마름모** 입니다.

2 마름모를 모두 찾아 기호를 써 보세요.

(**가, 다**)

3 마름모에 대한 설명으로 옳은 것에 ○표, 틀린 것에 ✕표 하세요.

❶ 네 변의 길이가 모두 같습니다. (**○**)

❷ 네 각의 크기가 모두 같습니다. (**✕**)

❸ 이웃한 두 각의 크기의 합이 180°입니다. (**○**)

❹ 마주 보는 꼭짓점끼리 이은 선분이 서로 수직으로 만납니다. (**○**)

4 마름모를 보고 □ 안에 알맞은 수를 써넣으세요.

❶

❷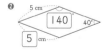

5 다음은 마름모입니다. □ 안에 알맞은 수를 써넣으세요.

❶

❷

6 점 종이에서 한 꼭짓점만 옮겨서 마름모를 그려 보세요.

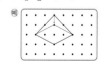

7 마름모의 네 변의 길이의 합은 몇 cm인지 구해 보세요.

(**20**) cm

4. 사각형
여러 가지 사각형 알아보기

• 직사각형과 정사각형

공통점	차이점
• 네 각이 모두 직각입니다. • 마주 보는 두 쌍의 변이 서로 평행합니다.	직사각형은 마주 보는 두 변의 길이가 같고, 정사각형은 네 변의 길이가 모두 같습니다.

• 여러 가지 사각형 사이의 관계 알아보기

1 사각형을 보고 물음에 답하세요.

❶ 직사각형을 모두 찾아 기호를 써 보세요. (가, 나, 다, 라)

❷ 정사각형을 모두 찾아 기호를 써 보세요. (가, 다)

2 다음 내용을 모두 만족하는 도형의 이름을 써 보세요.

> • 마주 보는 두 쌍의 변이 서로 평행합니다.
> • 네 변의 길이가 모두 같습니다.
> • 네 각이 모두 직각입니다.

(정사각형)

3 직사각형 모양의 종이를 점선을 따라 잘랐습니다. 물음에 답하세요.

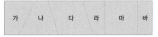

❶ 사다리꼴을 모두 찾아 기호를 써 보세요. (가, 나, 다, 라, 마, 바)

❷ 평행사변형을 모두 찾아 기호를 써 보세요. (다, 마, 바)

❸ 마름모를 모두 찾아 기호를 써 보세요. (다, 마)

❹ 직사각형을 모두 찾아 기호를 써 보세요. (마, 바)

❺ 정사각형을 찾아 기호를 써 보세요. (마)

4 알맞은 말에 ○표 하세요.

❶ 마름모는 평행사변형이라고 할 수 ((있습니다), 없습니다).

❷ 정사각형은 마름모라고 할 수 ((있습니다), 없습니다).

❸ 직사각형은 마름모라고 할 수 (있습니다 , (없습니다)).

5 도형의 이름이 될 수 있는 것을 모두 찾아 ○표 하세요.

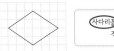

((사다리꼴) (평행사변형) (마름모))
직사각형 정사각형

6 보기 에서 설명하는 도형을 그려 보세요.

> 보기 • 마주 보는 두 쌍의 변이 서로 평행합니다.
> • 네 각이 모두 직각입니다.

▶ 보기 의 도형은 직사각형입니다.

74   75

---

4. 사각형
연습 문제

1 서로 수직인 두 직선을 찾아 써 보세요.

❶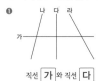

직선 가 와 직선 다

❷

직선 나 와 직선 라

2 직선 가에 대한 수선을 찾아 써 보세요.

❶

직선 나

❷

직선 다

3 서로 평행한 직선을 찾아 써 보세요.

❶

직선 다 와 직선 라

❷

직선 나 와 직선 라

4 평행선 사이의 거리를 나타내는 선분을 찾아 기호를 써 보세요.

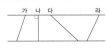

(선분 나)

5 사다리꼴, 평행사변형, 마름모, 직사각형, 정사각형을 1개씩 그려 보세요.

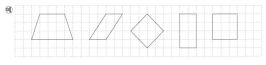

6 다음은 평행사변형입니다. □ 안에 알맞은 수를 써넣으세요.

❶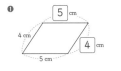

❷

7 다음은 마름모입니다. □ 안에 알맞은 수를 써넣으세요.

❶

❷

8 □ 안에 알맞은 수를 써넣으세요.

❶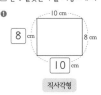

직사각형

❷

정사각형

76   77

4. 사각형 단원 평가

1 점 ㄱ을 지나면서 직선 가에 수직인 선분을 그으려고 합니다. 점 ㄱ과 연결해야 하는 점은 어느 것인가요?

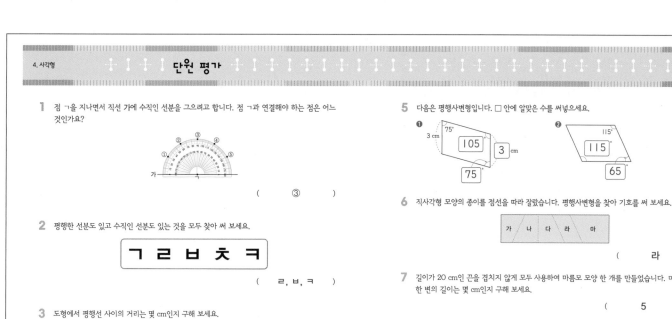

(③)

2 평행한 선분도 있고 수직인 선분도 있는 것을 모두 찾아 써 보세요.

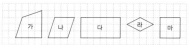

(ㄹ, ㅂ, ㅋ)

3 도형에서 평행선 사이의 거리는 몇 cm인지 구해 보세요.

(4) cm

4 마름모를 모두 찾아 기호를 써 보세요.

(라, 마)

5 다음은 평행사변형입니다. □ 안에 알맞은 수를 써넣으세요.

❶ 105 3 cm 75

❷ 115 65

6 직사각형 모양의 종이를 점선을 따라 잘랐습니다. 평행사변형을 찾아 기호를 써 보세요.

가 나 다 라 마

(라)

7 길이가 20 cm인 끈을 겹치지 않게 모두 사용하여 마름모 모양 한 개를 만들었습니다. 마름모의 한 변의 길이는 몇 cm인지 구해 보세요.

(5) cm

8 사각형의 이름으로 알맞은 것을 모두 찾아 기호를 써 보세요.

㉠ 사다리꼴 ㉡ 평행사변형 ㉢ 마름모
㉣ 직사각형 ㉤ 정사각형

(㉠, ㉡, ㉢, ㉣, ㉤)

9 직사각형과 정사각형의 같은 점을 정리한 것입니다. □ 안에 알맞은 말을 써넣으세요.

• 네 각이 모두 **직각** 입니다.

• 마주 보는 두 쌍의 변이 서로 **평행** 합니다.

---

4. 사각형 실력 키우기

1 ㉠과 ㉡의 각도의 합을 구해 보세요.

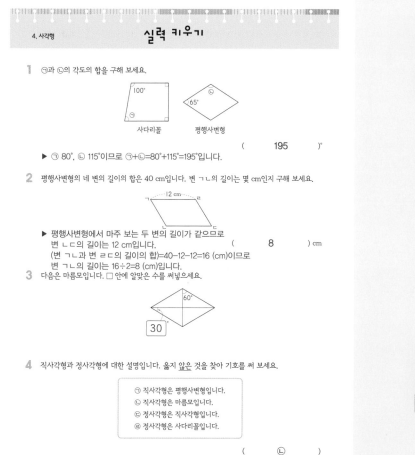

100° 사다리꼴
㉠

65° 평행사변형
㉡

(195)°

▶ ㉠ 80°, ㉡ 115°이므로 ㉠+㉡=80°+115°=195°입니다.

2 평행사변형의 네 변의 길이의 합은 40 cm입니다. 변 ㄱㄴ의 길이는 몇 cm인지 구해 보세요.

ㄱ 12 cm ㄹ

ㄴ ㄷ

▶ 평행사변형에서 마주 보는 두 변의 길이가 같으므로
변 ㄴㄷ의 길이는 12 cm입니다.   (8) cm
(변 ㄱㄴ과 변 ㄹㄷ의 길이의 합)=40-12-12=16 (cm)이므로
변 ㄱㄴ의 길이는 16÷2=8 (cm)입니다.

3 다음은 마름모입니다. □ 안에 알맞은 수를 써넣으세요.

60°

30

4 직사각형과 정사각형에 대한 설명입니다. 옳지 않은 것을 찾아 기호를 써 보세요.

㉠ 직사각형은 평행사변형입니다.
㉡ 직사각형은 마름모입니다.
㉢ 정사각형은 직사각형입니다.
㉣ 정사각형은 사다리꼴입니다.

(㉡)

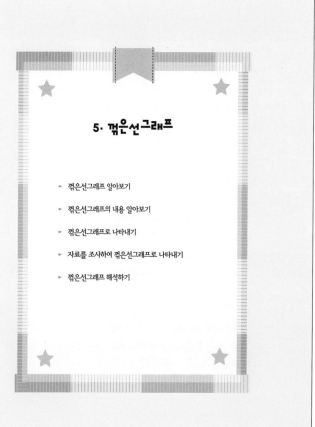

5. 꺾은선그래프

▸ 꺾은선그래프 알아보기

▸ 꺾은선그래프의 내용 알아보기

▸ 꺾은선그래프로 나타내기

▸ 자료를 조사하여 꺾은선그래프로 나타내기

▸ 꺾은선그래프 해석하기

5. 꺾은선그래프

꺾은선그래프 알아보기

꺾은선그래프: 연속적으로 변화하는 양을 점으로 표시하고 그 점들을 선분으로 이어 그린 그래프

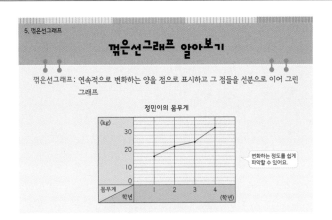

변화하는 정도를 쉽게 파악할 수 있어요.

[1~2] 어느 도시의 9월 어느 날 하루 기온을 조사하여 나타낸 그래프입니다. 물음에 답하세요.

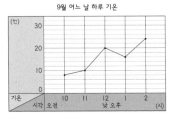

1 위의 그래프와 같이 연속적으로 변화하는 양을 점으로 표시하고, 그 점들을 선분으로 이어 그린 그래프를 무엇이라고 하나요?

(**꺾은선그래프**)

2 꺾은선이 나타내는 것으로 알맞은 말에 ○표 하세요.

(시각 , (기온))의 변화를 나타냅니다.

[3~5] 지율이의 요일별 턱걸이 기록을 조사하여 나타낸 막대그래프와 꺾은선그래프입니다. 두 그래프를 보고 물음에 답하세요.

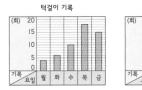

3 두 그래프를 비교하여 □ 안에 알맞게 써넣으세요.

같은 점	• 두 그래프는 요일별 턱걸이 **기록** 을/를 나타냅니다.
	• 가로는 **요일** , 세로는 **기록** 을/를 나타냅니다.
	• 세로 눈금 한 칸은 **1** 회를 나타냅니다.
다른 점	• 막대그래프는 턱걸이 기록을 **막대** (으)로 나타냅니다.
	• 꺾은선그래프는 턱걸이 기록을 **선분** (으)로 나타냅니다.

4 요일별 턱걸이 기록을 비교하기 쉬운 그래프는 어느 것인가요?

(**막대그래프**)

5 요일에 따른 턱걸이 기록의 변화를 알아보기 쉬운 그래프는 어느 것인가요?

(**꺾은선그래프**)

6 꺾은선그래프로 나타내기에 알맞은 자료를 모두 찾아 기호를 써 보세요.

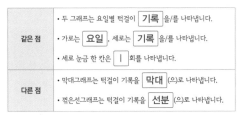

> ㉠ 우리 반의 혈액형별 학생 수
> ㉡ 우리 지역의 연도별 인구 변화
> ㉢ 월별 강수량의 변화
> ㉣ 현장 체험 학습을 가고 싶어 하는 장소별 학생 수

(**㉡, ㉢**)

82   83

5. 꺾은선그래프

꺾은선그래프의 내용 알아보기

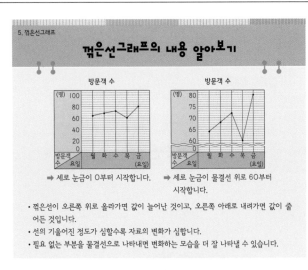

➡ 세로 눈금이 0부터 시작합니다.   ➡ 세로 눈금이 물결선 위로 60부터 시작합니다.

• 꺾은선이 오른쪽 위로 올라가면 값이 늘어난 것이고, 오른쪽 아래로 내려가면 값이 줄어든 것입니다.
• 선의 기울어진 정도가 심할수록 자료의 변화가 심합니다.
• 필요 없는 부분을 물결선으로 나타내면 변화하는 모습을 더 잘 나타낼 수 있습니다.

[1~2] 시각별 운동장의 기온을 조사하여 나타낸 꺾은선그래프입니다. 물음에 답하세요.

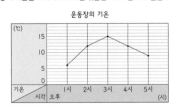

1 기온이 가장 낮은 때는 몇 ℃인가요?

(**6**) ℃

2 기온이 낮아지기 시작한 시각은 몇 시인가요?

오후 (**3**) 시

[3~7] 어느 가게의 월별 장난감 판매량을 두 꺾은선그래프로 나타내었습니다. 물음에 답하세요.

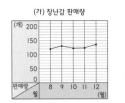

3 두 그래프의 가로와 세로는 각각 무엇을 나타내는지 써 보세요.

가로 (**월**)
세로 (**판매량**)

4 각 그래프의 세로 눈금 한 칸은 몇 개를 나타내는지 □ 안에 알맞은 수를 써넣으세요.

> (가) 그래프의 세로 눈금 5칸은 50개를 나타내므로 세로 눈금 한 칸은 **10** 개를 나타내고,
> (나) 그래프의 세로 눈금 5칸은 5개를 나타내므로 세로 눈금 한 칸은 **1** 개를 나타냅니다.

5 판매량의 변화를 더 뚜렷하게 알 수 있는 그래프는 어느 그래프인가요?

(**(나) 그래프**)

6 판매량이 가장 많은 달은 몇 월인가요?

(**12**) 월

7 판매량의 변화가 가장 큰 때는 몇 월과 몇 월 사이인가요?

(**11월과 12월 사이**)

8 □ 안에 알맞은 말을 써넣으세요.

> 꺾은선그래프에서 필요 없는 부분을 **물결선** (으)로 줄여서 나타내면 변화하는 모습이 더 잘 나타납니다.

84   85

5. 꺾은선그래프

꺾은선그래프로 나타내기

• **꺾은선그래프 그리는 방법**

① 표를 보고 그래프의 가로와 세로에 무엇을 나타낼 것인지 정합니다.
② 눈금 한 칸의 크기를 정하고 조사한 수 중에서 가장 큰 수를 나타낼 수 있도록 눈금의 수를 정합니다.
③ 가로 눈금과 세로 눈금이 만나는 자리에 점을 찍습니다.
④ 점들을 선분으로 잇습니다.
⑤ 꺾은선그래프에 알맞은 제목을 붙입니다.

• 꺾은선그래프를 그릴 때 필요 없는 부분은 물결선으로 줄여 나타냅니다.

[1~2] 세미가 키우는 고양이의 무게를 조사하여 나타낸 표를 보고 꺾은선그래프로 나타내려고 합니다. 물음에 답하세요.

고양이의 무게

나이(살)	2	4	6	8	10
무게(kg)	3	5	6	7	10

1 □ 안에 알맞게 써넣으세요.

• 가로에 나이를 나타낸다면 세로에는 무게 을/를 나타내어야 합니다.

• 세로 눈금 한 칸의 크기를 1 kg으로 하면 세로 눈금은 적어도 10 칸까지 있어야 합니다.

2 꺾은선그래프를 완성해 보세요.

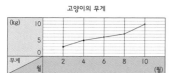

[3~6] 정민이의 몸무게를 월별로 조사하여 나타낸 표입니다. 물음에 답하세요.

정민이의 몸무게

월(월)	8	9	10	11	12
몸무게(kg)	34.9	34.7	35.1	35.4	35.9

3 그래프를 그리는 데 꼭 필요한 부분은 몇 kg부터 몇 kg까지인가요?

(34.7 kg부터 35.9 kg까지)

4 세로 눈금 한 칸은 몇 kg을 나타내어야 하나요?

(0.1) kg

5 물결선은 몇 kg과 몇 kg 사이에 넣으면 좋은가요?

(예 0 kg과 34.5 kg 사이)

6 물결선을 사용한 꺾은선그래프로 나타내어 보세요.

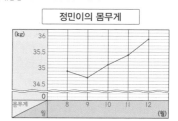

---

5. 꺾은선그래프

자료를 조사하여 꺾은선그래프로 나타내기

[1~4] 시우네 마을의 아침 최저 기온을 7일마다 조사하여 나타낸 표를 보고 꺾은선그래프로 나타내려고 합니다. 물음에 답하세요.

아침 최저 기온

날짜(일)	1	8	15	22	29
기온(℃)	13	11	9	5	4

1 꺾은선그래프의 가로에 날짜를 나타낸다면 세로에는 무엇을 나타내어야 하나요?

(기온)

2 표를 보고 꺾은선그래프로 나타내어 보세요.

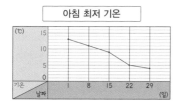

3 꺾은선그래프를 보고 알 수 있는 것을 한 가지 써 보세요.

예 기온이 점점 낮아집니다. 15~22일 사이가 가장 많이 변했습니다. 등

4 꺾은선그래프의 꺾은선이 변화하는 모습을 보고 다음 달의 아침 기온을 예상해 보세요.

예 4℃보다 낮아질 것으로 예상됩니다.

[5~8] 현준이의 100 m 달리기 기록을 조사하여 나타낸 표입니다. 물음에 답하세요.

100 m 달리기 기록

요일(요일)	월	화	수	목	금
기록(초)	17.5	17.3	17.2	17.1	16.7

5 세로 눈금 한 칸은 몇 초로 하는 것이 좋은가요?

(0.1)초

6 그래프를 그리는 데 꼭 필요한 부분은 몇 초부터 몇 초까지인가요?

(16.7초부터 17.5초까지)

7 물결선을 사용한 꺾은선그래프로 나타내어 보세요.

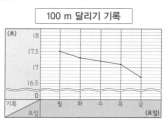

8 기록이 가장 좋아진 때는 무슨 요일과 무슨 요일 사이인가요?

(목요일과 금요일 사이)

5. 꺾은선그래프
꺾은선그래프 해석하기

[1~4] 별빛초등학교와 하늘초등학교 학생 수를 조사하여 나타낸 꺾은선그래프입니다. 물음에 답하세요.

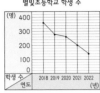
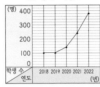

1 2018년 별빛초등학교의 학생 수는 몇 명인가요?

(360)명

2 하늘초등학교에서 전년과 비교하여 학생 수가 가장 많이 늘어난 때는 몇 년인가요?

(2022)년

3 별빛초등학교와 하늘초등학교 학생 수는 어떻게 변하고 있는지 알맞은 말에 ○표 하세요.

> 별빛초등학교 학생 수는 (감소, 증가)하고,
> 하늘초등학교 학생 수는 (감소, 증가)합니다.

4 2028년에 별빛초등학교와 하늘초등학교 학생 수는 어떻게 될지 바르게 예상한 사람을 찾아 이름을 써 보세요.

> 호준: 별빛초등학교는 꺾은선이 계속 내려가는 것으로 보아 2028년에도 학생 수가 줄어들 것 같습니다.
> 예지: 하늘초등학교는 꺾은선이 계속 올라가지만 2028년에는 갑자기 줄어들 것 같습니다.

(호준)

[5~7] 동현이와 현우의 몸무게를 조사하여 나타낸 꺾은선그래프입니다. 물음에 답하세요.

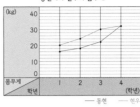

5 동현이와 현우의 몸무게가 가장 많이 변한 때는 각각 몇 학년과 몇 학년 사이인가요?

동현 (3학년과 4학년 사이)
현우 (2학년과 3학년 사이)

6 동현이와 현우의 몸무게가 같은 때는 몇 학년인가요?

(4)학년

7 두 사람의 몸무게의 차가 가장 큰 때는 몇 학년이고, 몸무게의 차는 몇 kg인가요?

(3학년), (8) kg

8 과자 회사에서 초코과자와 감자칩의 판매량을 조사하여 나타낸 꺾은선그래프입니다. 내년 1월에는 어떤 제품을 더 많이 만들어야 하는지 쓰고, 이유를 설명해 보세요.

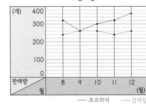

제품 __초코과자__

이유 예) 판매량이 감자칩보다 많고 계속 늘어나고 있기 때문입니다.

---

5. 꺾은선그래프
연습 문제

[1~4] 표를 보고 꺾은선그래프를 완성해 보세요.

1 팔굽혀펴기 횟수

요일(요일)	월	화	수	목
횟수(회)	7	15	12	19

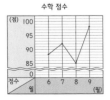

2 쿠키 판매량

요일(요일)	일	월	화	수
쿠키 수(개)	38	12	26	22

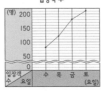

[5~7] 꺾은선그래프를 보고 □ 안에 알맞은 수를 써넣으세요.

5
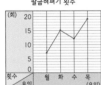

· 무게가 같은 때는 5 개월일 때입니다.
· 무게의 차가 가장 큰 때는 2 개월일 때입니다.
· 5 개월부터 고양이가 강아지보다 더 무거워집니다.

6
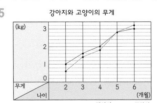

· 여학생이 남학생보다 많은 때는 2018 년과 2020 년 사이입니다.
· 남학생 수와 여학생 수의 차가 가장 큰 때는 2018 년이고, 그 차는 30 명입니다.

3 수학 점수

월(월)	6	7	8	9
점수(점)	88	92	85	98

4 입장객 수

요일(요일)	수	목	금	토
입장객 수(명)	80	120	180	210

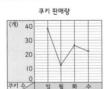

7
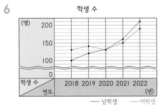

· 두 지역의 강수량의 차가 가장 큰 때는 9 월이고, 그 차는 16 mm입니다.
· 두 지역의 강수량의 차가 가장 작은 때는 8 월이고, 그 차는 4 mm입니다.

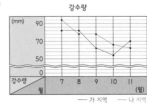

5. 꺾은선그래프 단원 평가

[1~3] 어느 지역의 강수량을 조사하여 나타낸 꺾은선그래프입니다. 물음에 답하세요.

강수량

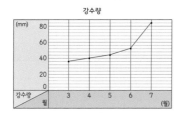

1 꺾은선그래프의 가로와 세로는 각각 무엇을 나타내는지 써 보세요.

가로 (**월**), 세로 (**강수량**)

2 세로 눈금 한 칸은 몇 mm를 나타내나요?

(**4**) mm

3 강수량이 가장 적은 때는 몇 월인가요?

(**3**)월

4 지호의 몸무게를 조사하여 두 꺾은선그래프로 나타내었습니다. 두 그래프 중 변화하는 모습이 더 잘 보이는 것을 찾아 기호를 써 보세요.

〈가〉 지호의 몸무게   〈나〉 지호의 몸무게

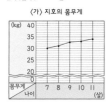 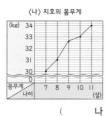

(**나**)

[5~7] 유성이가 3월에서 7월까지 사용한 용돈과 저축한 금액을 조사하여 표와 꺾은선그래프로 나타내었습니다. 물음에 답하세요.

유성이가 사용한 용돈

월(월)	금액(원)
3월	15000
4월	12000
5월	10000
6월	7000
7월	7000

유성이가 사용한 용돈

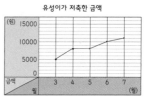

유성이가 저축한 금액

월(월)	금액(원)
3월	5000
4월	8000
5월	8000
6월	10000
7월	11000

유성이가 저축한 금액

5 표와 꺾은선그래프를 완성해 보세요.

6 용돈을 가장 많이 사용한 달은 몇 월인가요?

(**3**)월

7 꺾은선그래프를 보고 바르게 해석한 것을 찾아 기호를 써 보세요.

> ㉠ 저축한 금액은 3월에 비해 7월에 6000원 증가했습니다.
> ㉡ 사용한 용돈은 3월부터 7월까지 매달 감소했습니다.
> ㉢ 3월에서 4월 사이에 용돈을 사용한 금액이 가장 많이 늘었습니다.

(**㉠**)

5. 꺾은선그래프 실력 키우기

1 사랑초등학교 방과 후 프로그램의 학생 수를 조사하여 나타낸 표입니다. 표를 보고 그래프로 나타낼 때 막대그래프와 꺾은선그래프 중 알맞은 그래프를 선택하여 그려 보세요.

과목별 학생 수

과목	축구	미술	요리	로봇	농구
학생 수(명)	46	32	40	26	24

농구부 학생 수

월(월)	8	9	10	11	12
학생 수(명)	12	20	24	16	24

과목별 학생 수

농구부 학생 수

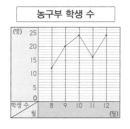

[2~3] 두 식물의 키를 조사하여 나타낸 꺾은선그래프입니다. 물음에 답하세요.

식물 (가)의 키   식물 (나)의 키

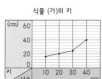 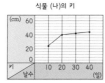

2 처음에는 느리게 자라다가 시간이 지나면서 빠르게 자라는 식물은 어느 것인지 기호를 써 보세요.

(**(가)**)

3 50일에는 어떤 식물의 키가 더 커질지 예상하여 보고, 그 이유를 써 보세요.

기호 (**(가)**)

이유 예 **시간이 지날수록 빠르게 자라는 식물은 (가)이기 때문입니다.**

6. 다각형

> ✦ 다각형 알아보기
>
> ✦ 정다각형 알아보기
>
> ✦ 대각선 알아보기
>
> ✦ 모양 만들기
>
> ✦ 모양 채우기

6. 다각형
다각형 알아보기

다각형: 선분으로만 둘러싸인 도형

다각형	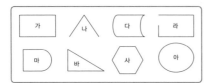			
변의 수(개)	5	6	7	8
이름	오각형	육각형	칠각형	팔각형

1 도형을 보고 물음에 답하세요.

가 나 다 라
마 바 사 아

❶ 빈칸에 알맞은 도형을 찾아 기호를 써 보세요.

선분으로만 둘러싸인 도형	곡선이 포함된 도형	열려 있는 도형
가, 바, 사	다, 마, 아	나, 라

❷ 선분으로만 둘러싸인 도형을 무엇이라고 하는지 써 보세요.

(다각형)

2 다음 도형이 다각형이 <u>아닌</u> 이유를 써 보세요.

❶   ❷

이유 예 곡선이 포함되어 있습니다. 이유 예 열린 부분이 있습니다.

3 □ 안에 알맞은 말을 써넣으세요.

다각형은 변의 수에 따라 변이 4개이면 **사각형**, 변이 5개이면 **오각형**, 변이 6개이면 **육각형** 이라고 부릅니다.

4 오각형을 모두 찾아 기호를 써 보세요.

가 나 다 라

(나, 라)

5 다각형의 이름을 써 보세요.

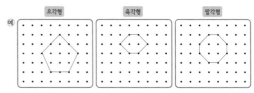

(삼각형) (사각형) (팔각형) (육각형)

6 점 종이에 다각형을 1개씩 그리고, 표를 완성해 보세요.

오각형 육각형 팔각형
예

다각형	오각형	육각형	팔각형
변의 수(개)	5	6	8
꼭짓점의 수(개)	5	6	8

---

6. 다각형
정다각형 알아보기

정다각형: 변의 길이가 모두 같고, 각의 크기가 모두 같은 다각형

정다각형				
변의 수(개)	3	4	5	6
이름	정삼각형	정사각형	정오각형	정육각형

1 도형을 보고 물음에 답하세요.

가 나 다
라 마 바

❶ 변의 길이가 모두 같은 도형은 다 , 라 , 마 입니다.

❷ 각의 크기가 모두 같은 도형은 가 , 라 , 마 입니다.

❸ 변의 길이와 각의 크기가 모두 같은 라 , 마 을/를 **정다각형** 이라고 합니다.

2 정다각형을 보고 빈칸에 알맞게 써넣으세요.

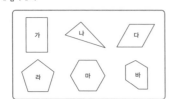

정다각형				
변의 수(개)	3	5	6	8
도형의 이름	정삼각형	정오각형	정육각형	정팔각형

3 다음은 정다각형입니다. □ 안에 알맞은 수를 써넣으세요.

❶   ❷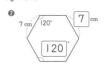

4 도형을 보고 바르게 말한 친구를 찾아 이름을 써 보세요.

찬민 : 이 도형은 네 변의 길이가 모두 같아. 그래서 정사각형이라고 할 수 있어.

별이 : 이 도형은 네 각의 크기가 모두 같지 않아서 정사각형이 아니야.

(별이)

▶ 정사각형은 네 변의 길이와 네 각의 크기가 모두 같습니다.

5 동물원에 한 변이 5 m인 정팔각형 모양의 울타리를 만들었습니다. 울타리의 전체 길이는 몇 m 인지 구해 보세요.

5 m

(40) m

6 주어진 선분을 이용하여 정삼각형과 정육각형을 각각 그려 보세요.

정삼각형 정육각형

대각선 알아보기

6. 다각형

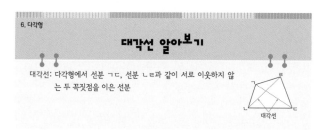

대각선: 다각형에서 선분 ㄱㄷ, 선분 ㄴㄹ과 같이 서로 이웃하지 않
는 두 꼭짓점을 이은 선분

1 도형에 대각선을 바르게 나타낸 것을 찾아 ○표 하세요.

( ) (○) ( )

2 대각선을 모두 찾아 써 보세요.

선분 ㄱㅁ , 선분 ㄴㅅ , 선분 ㄷㅅ

3 다각형에 대각선을 모두 긋고, 대각선의 수를 써 보세요.

삼각형	사각형	오각형	육각형
0개	(2)개	(5)개	(9)개

4 그림을 보고 물음에 답하세요.

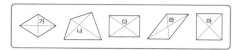

❶ 두 대각선의 길이가 같은 사각형을 모두 찾아 기호를 써 보세요.

(다, 마)

❷ 두 대각선이 서로 수직으로 만나는 사각형을 모두 찾아 기호를 써 보세요.

(가, 마)

5 설명하는 도형에 그을 수 있는 대각선은 모두 몇 개인지 구해 보세요.

• 선분으로만 둘러싸인 도형입니다.
• 변이 6개입니다.

▶ 설명하는 도형은 육각형이므로 그을 수 있는 대각선은 모두 9개입니다. (9)개

6 평행사변형 ㄱㄴㄷㄹ에서 두 대각선의 길이의 합은 몇 cm인지 구해 보세요.

(18) cm

7 두 도형에 그을 수 있는 대각선 수의 합을 구해 보세요.

2개   14개

(16)개

모양 만들기

6. 다각형

1 모양 조각을 보고 물음에 답하세요.

❶ 모양 조각의 이름을 알아보며 기호를 써 보세요.

정육각형	사다리꼴	정삼각형	정사각형	마름모
가	나, 라, 마, 바	다	라	라, 마, 바

❷ 모양 조각을 도형에 따라 분류하며 기호를 써 보세요.

삼각형	사각형	육각형
다	나, 라, 마, 바	가

2 한 가지 모양 조각을 사용하여 꾸민 모습입니다. 모양을 채우고 있는 모양 조각의 이름을 찾아 ○표 하세요.

❶
(삼각형, 사각형)

❷
(삼각형, 사각형)

3 모양을 만드는 데 사용한 다각형의 이름을 모두 찾아 ○표 하세요.

정삼각형 정사각형 사다리꼴
마름모 오각형 정육각형

4 다음 모양을 만드는 데 사용한 다각형의 수를 세어 보세요.

정삼각형	정사각형	평행사변형
4	2	2

5 오른쪽 모양을 만들려면 왼쪽 모양 조각은 모두 몇 개 필요한지 구해 보세요.

❶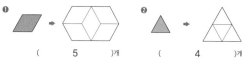
(5)개

❷ (4)개

6 2가지 모양 조각을 모두 사용하여 주어진 다각형을 만들어 보세요.

❶ 평행사변형
❷ 오각형

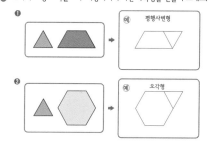

6. 다각형

모양 채우기

1 모양 조각을 사용하여 다각형을 채웠습니다. 다각형을 채우고 있는 모양 조각의 이름을 써 보세요.

❶
(예) 평행사변형, 정삼각형

❷
(예) 평행사변형, 사다리꼴

2 모양을 채운 방법을 옳게 설명한 것의 기호를 찾아 써 보세요.

┌────────────────────────────────┐
│ ㉠ 서로 겹치게 붙였습니다.   │
│ ㉡ 길이가 다른 변끼리 이어 붙였습니다. │
│ ㉢ 하나의 모양 조각을 뒤집어 가며 이어 붙였습니다. │
└────────────────────────────────┘

(㉢)

3 왼쪽 모양 조각을 모두 사용하여 오른쪽 모양을 채워 보세요. (단, 같은 모양 조각을 여러 번 사용할 수 있습니다.)

❶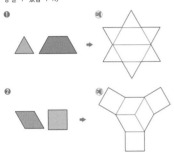

❷

4 ▲ 모양 조각만으로 아래 도형을 채우려면 모양 조각이 몇 개 필요한지 구해 보세요.

(10)개

5 보기의 모양 조각을 여러 번 사용하여 다음 모양을 채워 보세요.

보기

6 주어진 모양 조각을 사용하여 서로 다른 방법으로 사다리꼴을 채워 보세요. (단, 같은 모양 조각을 여러 번 사용할 수 있습니다.)

방법 1 (예)

방법 2 (예)

---

6. 다각형

연습 문제

1 다각형의 이름을 써 보세요.

(오각형) (사각형) (팔각형) (육각형)

2 변의 길이가 모두 같고 각의 크기가 모두 같은 다각형입니다. 이름을 써 보세요.

(정삼각형) (정오각형) (정육각형) (정팔각형)

3 다음은 정다각형입니다. □안에 알맞은 수를 써넣으세요.

❶
108° 3 cm
108
3 cm
3 cm

❷
120°
6 cm
120
6 cm

❸
5 cm
5 cm

❹
2 cm
135°
135
2 cm
5 cm

4 다각형에 대각선을 모두 그어 보고 몇 개인지 써 보세요.

❶
(2)개

❷
(5)개

❸
(9)개

❹
(20)개

▶ 한 점에서 그을 수 있는 대각선은 5개이고 겹치는 대각선의 수를 제외하면 8×5=40, 40÷2=20(개) 입니다.

[5~7] 주어진 모양 조각을 사용하여 정육각형을 채우려고 합니다. 물음에 답하세요.

5 모양 조각 한 가지만을 사용하여 정육각형을 채워 보세요.

가 조각만 사용하기 나 조각만 사용하기 다 조각만 사용하기

6 모양 조각 두 가지를 사용하여 정육각형을 채워 보세요.

(예)

7 모양 조각 세 가지를 사용하여 정육각형을 채워 보세요.

(예)

6. 다각형 　　　　　**단원 평가**

1 도형을 보고 다각형이면 ○표, 다각형이 아니면 ✕표 하세요.

(○) (✕) (✕) (○)

2 도형을 보고 물음에 답하세요.

가　나　다
라　마　바

❶ 사각형을 모두 찾아 기호를 써 보세요.

(나, 바)

❷ 오각형은 칠각형보다 몇 개 더 많은지 구해 보세요.

(1)개

3 다음은 정다각형입니다. 표의 빈칸을 알맞게 채워 넣으세요.

정다각형	3 cm	108° 2 cm
이름	정사각형	정오각형
모든 변의 길이의 합(cm)	12	10
모든 각의 크기의 합(°)	360	540

4 대각선을 그리고 대각선의 수가 많은 순서대로 기호를 써 보세요.

가　나　다

(가, 나, 다)

[5~6] 다각형을 보고 물음에 답하세요.

가　나　다　라　마

5 두 대각선의 길이가 같은 사각형을 모두 찾아 기호를 써 보세요.

(가, 나)

6 두 대각선이 서로 수직으로 만나는 사각형을 모두 찾아 기호를 써 보세요.

(나, 마)

7 왼쪽 모양 조각을 몇 개 사용해야 마름모를 채울 수 있는지 구해 보세요.

(8)개

8 주어진 모양 조각을 사용하여 서로 다른 방법으로 평행사변형을 채워 보세요. (단, 같은 모양 조각을 여러 번 사용할 수 있습니다.)

방법1 예)　　방법2 예)

---

6. 다각형 　　　　**실력 키우기**

1 한 변이 8 cm이고, 모든 변의 길이의 합이 64 cm인 정다각형의 이름은 무엇인지 써 보세요.

(정팔각형)

▶ 64÷8=8이므로 변이 8개인 정팔각형입니다.

2 정삼각형과 정오각형의 모든 변의 길이의 합이 같을 때, 정오각형의 한 변은 몇 cm인지 풀이 과정을 쓰고 답을 구해 보세요.

15 cm

풀이 정삼각형의 세 변의 길이의 합은 15×3=45 (cm)이고,
정오각형은 다섯 변의 길이가 같으므로 45÷5=9 (cm)입니다.

답 9 cm

3 어떤 다각형의 한 꼭짓점에서 그을 수 있는 대각선의 수가 6개입니다. 이 다각형의 대각선은 모두 몇 개인지 풀이 과정을 쓰고 답을 구해 보세요.

풀이 한 꼭짓점에서 그을 수 있는 대각선의 수가 6개인 다각형은 구각형
이고, 겹치는 대각선의 수를 제외하면 구각형의 대각선의 수는
9×6=54, 54÷2=27(개)입니다.

답 27 개

4 오른쪽 도형의 모든 각의 크기의 합은 몇 도인지 구해 보세요.

(720)°

▶ 육각형은 그림처럼 삼각형 4개로 나눌 수 있습니다.
(육각형의 모든 각의 크기의 합)=(삼각형의 세 각의 크기의 합)×4=180°×4=720°입니다.

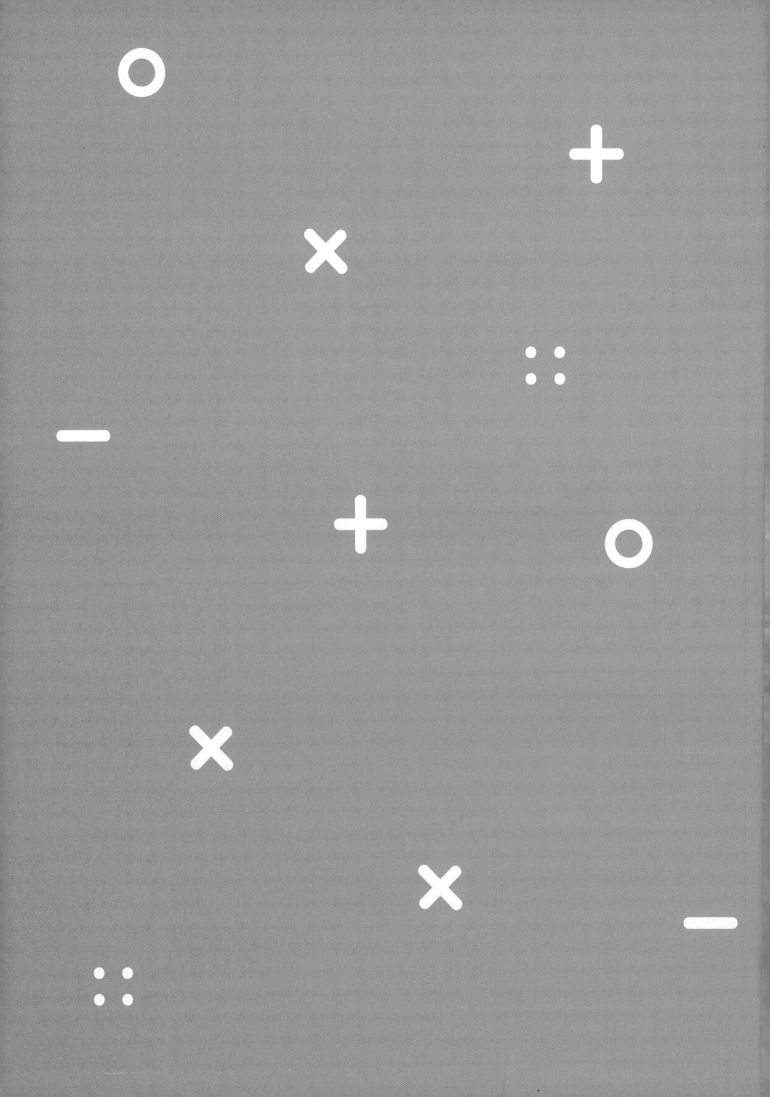